Eric Jean Roy Sambatra

Modélisation comportementale d'une chaîne de conversion
éolienne

Eric Jean Roy Sambatra

Modélisation comportementale d'une chaîne de conversion éolienne

Aérogénérateur à base de génératrice synchrone à aimants permanents pour les sites isolés

Presses Académiques Francophones

Mentions légales / Imprint (applicable pour l'Allemagne seulement / only for Germany)
Information bibliographique publiée par la Deutsche Nationalbibliothek: La Deutsche Nationalbibliothek inscrit cette publication à la Deutsche Nationalbibliografie; des données bibliographiques détaillées sont disponibles sur internet à l'adresse http://dnb.d-nb.de.
Toutes marques et noms de produits mentionnés dans ce livre demeurent sous la protection des marques, des marques déposées et des brevets, et sont des marques ou des marques déposées de leurs détenteurs respectifs. L'utilisation des marques, noms de produits, noms communs, noms commerciaux, descriptions de produits, etc, même sans qu'ils soient mentionnés de façon particulière dans ce livre ne signifie en aucune façon que ces noms peuvent être utilisés sans restriction à l'égard de la législation pour la protection des marques et des marques déposées et pourraient donc être utilisés par quiconque.

Photo de la couverture: www.ingimage.com

Editeur: Presses Académiques Francophones est une marque déposée de
Südwestdeutscher Verlag für Hochschulschriften GmbH & Co. KG
Heinrich-Böcking-Str. 6-8, 66121 Sarrebruck, Allemagne
Téléphone +49 681 37 20 271-1, Fax +49 681 37 20 271-0
Email: info@presses-academiques.com

Produit en Allemagne:
Schaltungsdienst Lange o.H.G., Berlin
Books on Demand GmbH, Norderstedt
Reha GmbH, Saarbrücken
Amazon Distribution GmbH, Leipzig
ISBN: 978-3-8381-7019-0

Imprint (only for USA, GB)
Bibliographic information published by the Deutsche Nationalbibliothek: The Deutsche Nationalbibliothek lists this publication in the Deutsche Nationalbibliografie; detailed bibliographic data are available in the Internet at http://dnb.d-nb.de.
Any brand names and product names mentioned in this book are subject to trademark, brand or patent protection and are trademarks or registered trademarks of their respective holders. The use of brand names, product names, common names, trade names, product descriptions etc. even without a particular marking in this works is in no way to be construed to mean that such names may be regarded as unrestricted in respect of trademark and brand protection legislation and could thus be used by anyone.

Cover image: www.ingimage.com

Publisher: Presses Académiques Francophones is an imprint of the publishing house
Südwestdeutscher Verlag für Hochschulschriften GmbH & Co. KG
Heinrich-Böcking-Str. 6-8, 66121 Saarbrücken, Germany
Phone +49 681 37 20 271-1, Fax +49 681 37 20 271-0
Email: info@presses-academiques.com

Printed in the U.S.A.
Printed in the U.K. by (see last page)
ISBN: 978-3-8381-7019-0

"Tsiarovam-para",
"Ny zaza no hery"

REMERCIEMENTS

Ce travail de thèse a été effectué au sein du Groupe de Recherche en Electrotechnique et Automatique du Havre (GREAH – EA 3220), dirigé par Monsieur Le Professeur DAKYO Brayima. Je tiens à le remercier pour avoir dirigé ce travail de recherche, pour l'intérêt qu'il y a porté ainsi que pour les moyens qu'il a mis à ma disposition.

Je remercie Messieurs BOUSCAYROL Alain, Professeur à l'Université de Lille et ROBOAM Xavier, Directeur de Recherche CNRS au LEEI de Toulouse, d'avoir accepté d'être rapporteurs de cette thèse.

Je remercie également Monsieur KOCZARA Wlodzimierz, Professeur à l'Institut Polytechnique de Varsovie, Pologne, d'avoir accepté de participer au jury de ce travail.

Je tiens à exprimer toute ma reconnaissance à Monsieur BARAKAT Georges, Professeur à l'Université du Havre, pour avoir codirigé cette thèse. Ses conseils avisés, son aide ainsi que sa disponibilité ont été précieux.

J'exprime aussi ma gratitude à l'ensemble des chercheurs et doctorants du GREAH pour l'ambiance agréable à laquelle chacun a contribué.

Je remercie particulièrement Monsieur RAHARIJAONA Jacques, Maître de conférences à l'Université du Havre pour son soutien depuis mon arrivée en France.

Et enfin, « Ny vody hena tsa mienga aloha », je ne saurais pas oublier de remercier ma famille, pour leur patience et leur soutien moral tout au long de ces années d'études.

Je dédie spécialement cette thèse aux 70 ans de Papa et aux 60 ans de Mama.

SOMMAIRE

4

II. PROBLEMATIQUES DE LA MODELISATION D'UNE CHAINE DE CONVERSION D'ENERGIE EOLIENNE ET PROPOSITION DE MODELES

8

INTRODUCTION GENERALE

L'approvisionnement en électricité dans les régions rurales isolées est un problème d'actualité, en particulier dans les pays en voie de développement. L'extension du réseau pour des demandes relativement faibles et isolées n'est pas rentable pour les sociétés d'électricité. Ainsi, le recours à un système d'alimentation autonome s'avère nécessaire. Plusieurs solutions telles que l'énergie hydraulique, l'énergie thermique, l'énergie photovoltaïque et l'énergie éolienne sont utilisables. D'autres formes d'énergie sont utilisées mais celles citées précédemment sont les plus fréquemment rencontrées. Les soucis de coût, qualité, autonomie ainsi que continuité de production ont amené les chercheurs et constructeurs à proposer des solutions hybrides, composées de plusieurs de ces sources. L'objectif principal de ces couplages est d'assurer le taux de pénétration maximum des sources renouvelables. Il faut noter que l'optimisation d'une centrale d'alimentation autonome (seule ou hybride) nécessite la bonne connaissance des différentes sources qui la constitue.

Par ailleurs, ces dernières années, l'énergie éolienne a pris son essor pour des soucis de risque de pénurie des sources fossiles et des soucis environnementaux. Cette préoccupation s'applique aussi bien dans l'électrification urbaine que rurale.

Les travaux qui seront traités dans ce rapport entrent dans le cadre de l'alimentation des sites isolés par source éolienne. Nous traiterons donc des cas d'aérogénérateurs de petite puissance, inférieure à 10kW.

Les méthodes de conception de cette source passent par une modélisation fine des interactions entre le vent et la turbine éolienne d'une part et les échanges d'énergie avec la demande d'autre part. Les phases dynamiques conditionnent la qualité de l'énergie et impactent la durée de vie des équipements.

Ainsi, l'objectif principal de ce travail est une contribution à la modélisation comportementale d'une chaîne de conversion d'énergie éolienne. Des modèles de dispositif éolien basés sur les modèles de connaissance des éléments de la chaîne seront proposés et analysés par le biais des résultats de simulation. Les résultats de simulation seront confrontés à des mesures expérimentales.

Pour ce faire, le premier chapitre est consacrée dans un premier temps à une brève description des principales caractéristiques des quatre types de sources d'alimentation des sites isolés (hydraulique, thermique, photovoltaïque et éolienne) proposées par les constructeurs.

Ensuite, nous effectuerons un exposé détaillé de la chaîne de conversion d'énergie éolienne et en particulier, nous présenterons les différents dispositifs de nature mécanique et électrique constituant un aérogénérateur pour mettre en évidence la pluridisciplinarité de notre système.

Enfin, avant d'exposer la configuration adoptée dans le cadre de cette étude qui sera composée d'une turbine éolienne accouplée directement avec une génératrice synchrone à aimants permanents (GSAP), d'un redresseur à diodes, d'un filtre et d'un onduleur, nous ferons une étude récapitulative des différentes configurations de chaînes de conversion d'énergie éolienne proposées par les constructeurs.

Le deuxième chapitre traite de la problématique de la modélisation de l'ensemble du dispositif éolien. Ainsi, pour chaque élément de la chaîne, après avoir exposé les problèmes qui leur sont liés, un ou plusieurs modèle(s) sont proposés selon les éléments.

Les modèles sont connectés ensuite en respectant les liens de transfert d'énergie et les interactions entre les éléments adjacents. L'ensemble de ces modèles qui sont élaborés de façon modulaire constituera un système d'équations différentielles régissant le dispositif éolien.

Dans le troisième chapitre, le modèle complet qui a été implémenté dans l'environnement Matlab afin d'effectuer des simulations servira de base pour analyser les différentes grandeurs caractéristiques des différents éléments constituants le système de conversion face aux interactions entre la vitesse du vent aléatoire et la charge électrique variable. Ainsi, dans une première partie, nous analysons le comportement de chaque élément de la chaîne face aux interactions entre la vitesse du vent et la charge électrique à travers les grandeurs physiques qui le caractérisent telles que le couple éolien, le couple électromagnétique de la GSAP, la vitesse de rotation sur l'arbre de la GSAP, les courants et tensions des phases du stator de la GSAP, la puissance active de la GSAP, le courant et tension redressés, le courant et tension du filtre, ainsi que les courants et tensions à la sortie de l'onduleur (courants et tensions de la charge électrique). Dans la deuxième partie, nous étudierons le comportement de la chaîne pour deux types de charges, résistive et inductive. Aussi et afin de rechercher l'adaptation de la génératrice à aimants permanents à être connectée à un redresseur à diodes, une étude comparative est effectuée entre une machine synchrone à FEM sinusoïdale et une machine synchrone à FEM trapézoïdale en tant que génératrices dans la chaîne de conversion.

Dans le chapitre précédent, les simulations effectuées utilisent des paramètres représentatifs d'éoliennes de petite puissance existant dans la littérature. Ainsi, afin de valider les modèles proposés ayant permis l'étude comportementale de la chaîne de conversion, le quatrième chapitre est consacré à la confrontation entre les résultats de simulation et des mesures effectuées sur une éolienne de 1kW implantée sur une plate-forme technologique construite au lycée Guy de Maupassant de Fécamp à l'initiative du GREAH. Dans un premier temps, nous décrivons la plateforme technologique ainsi que le banc d'essai de l'éolienne.

Ensuite, afin d'établir un modèle de simulation de la génératrice de l'éolienne, ses paramètres caractéristiques sont déterminés grâce à des simulations par la méthode des éléments finis. Les résultats de plusieurs campagnes de mesures sont, par la suite, exposés et comparés aux simulations. Ces mesures sont prélevées pour plusieurs profils de vents du site de la plate-forme technologique et aussi pour une charge résistive variable. Ces comparaisons entre mesures et simulations nous servent d'un côté, à délimiter le domaine de validité de l'approche de modélisation proposée des chaînes de conversion d'énergie éolienne sur les sites isolés et de l'autre, de mettre en évidence les interactions entre la turbine et la charge électrique.

Enfin, ce mémoire se termine par une conclusion générale reprenant les principaux résultats obtenus au cours de ce travail et ouvrant de nouvelles perspectives de recherche dans le domaine de la production d'énergie renouvelable sur les sites isolés.

CHAPITRE I
L'énergie éolienne dans les sites isolés

1.1 INTRODUCTION

L'approvisionnement en électricité dans les régions rurales isolées est un problème d'actualité, en particulier dans les pays en voie de développement. L'extension du réseau pour des demandes relativement faibles et isolées n'est pas rentable pour les sociétés d'électricité. Ainsi, le recours à un système d'alimentation autonome s'avère nécessaire. Plusieurs solutions telles que l'énergie hydraulique, l'énergie thermique, l'énergie photovoltaïque et l'énergie éolienne sont utilisables. Dans le cadre de cette étude, nous nous intéresserons particulièrement à cette dernière. D'autres formes d'énergie sont utilisées mais celles citées plus haut sont les plus fréquemment rencontrées.

Ainsi, la première partie de ce chapitre est consacrée à une brève description des principales caractéristiques des quatre types de sources d'alimentation des sites isolés (hydraulique, thermique, photovoltaïque et éolienne) proposées par les constructeurs. Nous nous attacherons, en particulier, à présenter les avantages et les inconvénients de chacune de ces sources.

Ensuite, nous consacrons la deuxième partie du chapitre à un exposé détaillé de la chaîne de conversion d'énergie éolienne et en particulier, à la définition des différents dispositifs de nature mécanique et électrique constituant un aérogénérateur.

13

Afin d'obtenir le meilleur rendement de conversion possible, plusieurs configurations de système de conversion de l'énergie éolienne sont proposées par les constructeurs et dont les plus répandus feront l'objet de la troisième partie de ce chapitre

Enfin, nous exposerons la configuration adoptée dans le cadre de cette étude.

1.2 SOURCES D'ALIMENTATION DES SITES ISOLES

1.2.1 Energie thermique

1.2.1.1 Description d'un groupe électrogène

Le fonctionnement d'un groupe électrogène (Fig. 1.1) se base sur le principe suivant lequel l'énergie mécanique est produite par un moteur à gaz, moteur à essence ou moteur diesel (moteur thermique) qui entraîne une génératrice.

Figure 1.1 : *Groupe électrogène GenSet MG 2200 I-H à essence, d'une puissance de 2 kVA* [Web_GEN]

A l'état actuel de la technologie, le rendement global le plus élevé pouvant être atteint avec les moteurs en question est d'environ 42%, le reste de l'énergie étant des pertes thermiques. La figure suivante représente un bilan énergétique de l'ensemble du système conversion de l'énergie.

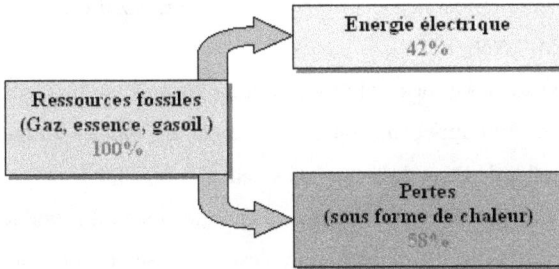

Figure 1.2 : *Bilan énergétique en se basant sur le rendement maximal d'un groupe électrogène*

1.2.1.2 Avantages

Pour alimenter un site isolé ou un endroit lointain, le groupe électrogène thermique est la solution la plus utilisée de nous jours de part sa taille réduite qui peut être installé partout. Par ailleurs, c'est un dispositif peu onéreux à l'achat.

La figure 1.2 montre qu'une bonne partie de l'énergie primaire est transformée en chaleur. Il est possible d'exploiter cette chaleur produite en faisant recours à la cogénération.

Les éléments principaux d'une installation de cogénération sont le moteur thermique, le générateur et l'échangeur de chaleur. Le rendement global d'une telle installation est nettement plus élevé que celui d'un simple groupe électrogène. Des valeurs supérieures à 80% peuvent être atteintes. Par conséquent, l'application des installations de cogénération conduit à une diminution substantielle de la production de CO_2.

15

1.2.1.3 Inconvénients

A l'usage, un groupe électrogène se révèle peu pratique : démarrage et arrêt du moteur à chaque utilisation, entretien, stockage et manipulation de carburant. Il est aussi coûteux (au moins 2300 € par an en fonctionnement et maintenance) et polluant (bruit, gaz d'échappement, …) [Web_ADM] [Web_EKW].

Il existe aussi des solutions non polluantes et peu coûteuses à l'usage. Elles font appel aux sources d'énergie disponibles autour de nous telles que celles de l'eau du vent et du soleil.

Ce sont des ressources renouvelables en énergie et sont disponibles partout sur notre territoire. Elles sont durables, inépuisables et gratuites. Le rayonnement solaire, la force du vent ou de l'eau ne s'épuisent pas même si certaines d'entre elles sont irrégulières. Les pollutions que génère leur transformation sont limitées, voire nulles.

Des technologies innovantes ou classiques, parfois fondées sur des principes très simples, permettent d'exploiter les « gisements » solaire, éolien ou hydraulique pour produire de l'électricité. Les installations qui les utilisent sont souvent onéreuses à l'achat. Malgré cela, elles sont très économiques à l'usage, grâce à des coûts de maintenance et d'entretien réduits, à la robustesse des matériels employés qui ne cessent d'être de plus en plus performants et surtout grâce à la gratuité de la matière première.

1.2.2 Energie hydroélectrique

1.2.2.1 Description

L'électricité d'origine hydraulique provient de la captation, avec un rendement d'environ 85 %, de la variation d'énergie potentielle de l'eau entre deux niveaux [MAD_01].

L'eau accumulée dans les barrages ou dérivée dans les prises d'eau constitue une énergie potentielle utilisée pour actionner la roue d'une turbine. L'énergie hydraulique se transforme alors en énergie mécanique de rotation. Cette turbine, à son tour, entraîne un alternateur.

Deux facteurs influencent directement la puissance disponible : la hauteur de la chute (H) et le débit (Q).

Cette relation peu s'écrire : P = k.H.Q.

Le coefficient k tient compte du poids spécifique de l'eau et des rendements des différentes machines. Ainsi, pour une même puissance, une turbine peut donc être alimentée par un faible débit sous une hauteur de chute importante ou, au contraire, par un débit important sous une faible hauteur de chute. Par ailleurs, les aménagements peuvent ou non comporter une réserve d'eau, ce qui permettra de produire de l'électricité dans les meilleures conditions économiques. Cette réserve d'eau peut être naturelle ou, le plus souvent, artificielle.

Les principaux composants électriques et mécaniques d'une petite centrale sont la turbine et la génératrice qui peuvent être en plusieurs exemplaires.

Différents types de turbines ont été conçus afin de s'adapter à tous les types de sites hydroélectriques que l'on peut trouver dans le monde. Les turbines utilisées dans les petites centrales sont des versions réduites de celles qui équipent les grandes centrales classiques.

Les turbines utilisées dans les centrales à hauteur de chute faible ou moyenne sont généralement du type à réaction (La roue d'une turbine à réaction est entièrement immergée dans l'eau), comme les turbines Francis et les turbines à hélice à pas fixe et variable (Kaplan). Les turbines utilisées dans les installations à hauteur de chute élevée sont généralement du type à impulsion (La roue d'une turbine à impulsion tourne dans l'air et est mue par la puissance d'un jet d'eau à haute vitesse). Elles comprennent principalement les turbines Pelton, Turgo.

Les petites turbines hydrauliques peuvent atteindre des rendements d'environ 90 %. On veillera à choisir la meilleure turbine pour chaque application, étant donné que certaines ne donnent un bon rendement que dans une plage limitée de débits (p. ex., les turbines à hélice à pales fixes et les turbines Francis). Pour la plupart des petites centrales au fil de l'eau où le débit varie considérablement, on préfère faire appel à des turbines qui donnent un bon rendement dans une vaste gamme de débits (p. ex., Kaplan, Pelton, Turgo et à écoulement transversal).

La figure suivante illustre une petite centrale hydroélectrique pour un site isolé.

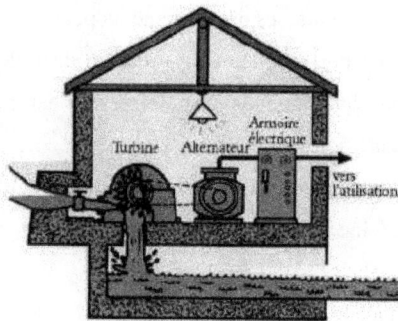

Figure 1.3 : *Illustration d'une petite centrale hydroélectrique pour un site isolé*

Il y a deux principaux types de petites centrales hydroélectriques :

a) Centrales au fil de l'eau

Le terme "au fil de l'eau" qualifie un mode de fonctionnement dans lequel la centrale hydroélectrique n'utilise que l'eau fournie par le débit naturel de la rivière. Il n'y a donc pas de réservoir, et l'énergie produite fluctue selon le débit du cours d'eau qui ne subit aucune retenue.

La quantité d'énergie produite par une petite centrale hydroélectrique au fil de l'eau fluctue avec le cycle hydrologique. Une telle centrale ne fournit généralement pas une puissance garantie. Ainsi, les communautés qui font appel à de petites ressources hydroélectriques ont souvent besoin d'énergie d'appoint. Une centrale au fil de l'eau ne peut satisfaire à tous les besoins en électricité d'une communauté ou d'une industrie éloignée que si le débit minimum de la rivière est suffisant pour répondre à la demande de pointe.

b) Centrales avec réservoir

Si l'on veut qu'une centrale hydroélectrique fournisse de l'électricité sur demande, soit pour répondre à une demande fluctuante, soit pour répondre à une demande de pointe, l'eau doit être stockée dans un ou plusieurs réservoirs de retenue. A moins de pouvoir puiser un lac naturel, le stockage de l'eau nécessite habituellement la construction d'un ou plusieurs barrages et la création de nouveaux lacs, ce qui a des impacts positifs et négatifs sur l'environnement local : plus les installations sont grandes, plus les impacts négatifs sont importants. Cela constitue souvent un conflit vu l'attrait des gros projets hydroélectriques qui permettent de fournir, durant les périodes de demande de pointe, de l'énergie "emmagasinée". Étant donné les économies d'échelle et le processus d'autorisation complexe, les projets avec stockage ont tendance à être relativement de grande taille.

La création de nouveaux réservoirs de stockage pour les petites centrales hydroélectriques n'est généralement pas économiquement faisable sauf, peut-être, dans les endroits reculés où l'énergie coûte très cher. Le cas échéant, le stockage d'eau dans les petites centrales hydroélectriques est généralement limité à de petites quantités d'eau dans un nouveau réservoir d'amont ou dans un lac existant en amont d'un barrage existant. "Retenue" est le terme utilisé pour décrire le stockage de petits volumes d'eau.

La retenue peut être profitable aux petites centrales hydroélectriques, car elle permet une production accrue d'électricité et donc l'augmentation des revenus.

Il existe un autre type de stockage d'eau : le "stockage par pompage" où l'eau est "recyclée" entre deux réservoirs l'un en aval, et l'autre en amont. L'eau passe par les turbines pour produire de l'électricité durant les périodes de pointe, et est repompée vers le réservoir d'amont en période hors pointe.

1.2.2.2 Avantages

La source hydroélectrique est avantageuse du point de vue régularité de l'énergie mécanique d'entraînement et de la maîtrise du débit de l'eau, ce qui n'est pas le cas de la vitesse du vent et du rayonnement solaire. Par ailleurs, l'énergie hydroélectrique est une source d'énergie électrique continuellement renouvelable. Elle est non polluante et aucune chaleur ni aucun gaz nocif n'est émis. Les coûts en combustible sont nuls et les coûts de fonctionnement et d'entretien sont faibles, et sont essentiellement à l'abri de l'inflation. La technologie de l'énergie hydroélectrique est une technologie qui a fait ses preuves et qui offre un fonctionnement fiable et souple. Les centrales hydroélectriques ont une longue durée de vie. Bon nombre d'entre elles sont en activité depuis plus d'un demi-siècle et fonctionnent toujours efficacement [Web_CAN]. Les petites centrales hydroélectriques nécessitent peu d'entretien au cours de leur vie utile.

1.2.2.3 Inconvénients

Bien que cette source d'énergie présente tous ces avantages, elle pourrait changer selon les conditions climatiques, saisons humide ou sèche.

Cette solution n'est pas utilisable dans tous les sites isolés car il faut un endroit près d'une source, d'un torrent ou d'une rivière ayant un débit suffisant, ce qui n'est pas le cas de toute zone lointaine.

Tout ceci, à condition de respecter les droits de propriété de l'eau et des berges, et de préserver l'équilibre écologique du cours d'eau. Dans certains cours d'eau classés, aucun aménagement ne peut être réalisé.

Le temps de mise en œuvre de l'ensemble du dispositif est assez long car il faut généralement deux à cinq ans pour réaliser un projet de petite centrale hydroélectrique, depuis la conception jusqu'à la mise en service. C'est le temps nécessaire pour faire des études et des travaux de conception, pour recevoir les autorisations nécessaires et construire les installations.

Une petite centrale au fil de l'eau peut exiger la dérivation de l'écoulement de la rivière, souvent pour tirer profit de la dénivellation présente sur une certaine distance de la rivière. Les projets de dérivation réduisent le débit de la rivière entre la prise d'eau et la centrale. Il faut généralement construire une digue de dérivation ou un petit barrage pour diriger l'écoulement dans la prise d'eau.

1.2.3 Energie photovoltaïque

1.2.3.1 Description d'un système photovoltaïque

Une installation photovoltaïque fournit de l'électricité grâce à des cellules photovoltaïques qui transforment l'énergie du rayonnement solaire directement en électricité. La cellule photovoltaïque est composée d'un matériau semi-conducteur qui absorbe l'énergie lumineuse et la transforme directement en courant électrique. Le principe de fonctionnement de cette cellule fait appel donc aux propriétés du rayonnement et celles des semi-conducteurs.

21

La cellule individuelle, unité de base d'un système photovoltaïque, ne produit qu'une très faible puissance électrique, typiquement de 1 à 3 W avec une tension de moins d'un volt. Pour produire plus de puissance, les cellules sont assemblées pour former un module (ou panneau). Les connexions en série de plusieurs cellules augmentent la tension pour un même courant, tandis que la mise en parallèle accroît le courant en conservant la tension. La plupart des modules commercialisés sont composés de 36 cellules en silicium cristallin, connectées en série pour des applications en 12 V. Le courant de sortie, et donc la puissance, sera proportionnelle à la surface du module [Web_INT].

L'interconnexion de modules entre eux - en série ou en parallèle - pour obtenir une puissance encore plus grande, définit la notion de champ photovoltaïque. Le générateur photovoltaïque se compose d'un champ de modules et d'un ensemble de composants qui adapte l'électricité produite par les modules aux spécifications des récepteurs. Cet ensemble, appelé aussi "Balance of system" ou BOS, comprend tous les équipements entre le champ de modules et la charge finale, à savoir la structure rigide (fixe ou mobile) pour poser les modules, le câblage, la batterie en cas de stockage et son régulateur de charge, et l'onduleur lorsque les appareils fonctionnent en courant alternatif. Le système photovoltaïque est alors l'ensemble du générateur photovoltaïque et des équipements de consommation (charge électrique).

Figure 1.4 : *Panneaux photovoltaïques installés sur le toit d'une maison lointaine [Web_DRT]*

1.2.3.2 Avantages

La technologie photovoltaïque présente un grand nombre d'avantages. D'abord, une haute fiabilité, elle ne comporte pas de pièces mobiles qui la rendent particulièrement appropriée aux régions isolées. C'est la raison de son utilisation sur les engins spatiaux.

Ensuite, le caractère modulaire des panneaux photovoltaïques permet un montage simple et adaptable à des besoins énergétiques divers. Les systèmes peuvent être dimensionnés pour des applications de puissances allant du mW au MW.

Leurs coûts de fonctionnement sont très faibles vus les entretiens réduits et ils ne nécessitent ni combustible, ni transport, ni personnel hautement spécialisé.

Enfin, la technologie photovoltaïque présente des qualités sur le plan écologique car le produit fini est non polluant, silencieux et n'entraîne aucune perturbation du milieu, si ce n'est par l'occupation de l'espace pour les installations de grandes dimensions.

1.2.3.3 Inconvénients

La fabrication du module photovoltaïque relève de la haute technologique et requiert des investissements d'un coût élevé.

Le rendement réel de conversion d'un module est faible (la limite théorique pour une cellule au silicium cristallin est de 28%).

Les générateurs photovoltaïques sont compétitifs par rapport aux générateurs Diesel pour des faibles demandes d'énergie en région isolée.

Enfin, lorsque le stockage de l'énergie électrique est nécessaire, le coût du générateur photovoltaïque est accru. La fiabilité et les performances du système restent cependant équivalentes pour autant que le système de stockage et les composants de régulations associés soient judicieusement choisis.

Ses secteurs d'applications sont l'habitation isolée, le domaine spatial, l'industrie isolée, la centrale de puissance, la résidence urbaine, les biens de consommation.

1.2.4 Energie éolienne

1.2.4.1 Avantages

Outre les nombreux avantages qu'elle partage avec les autres sources renouvelables d'énergie, l'exploitation de l'énergie du vent présente une série d'avantages propres [SIM_03].

L'énergie éolienne est modulable et peut être parfaitement adaptée au capital disponible ainsi qu'aux besoins en énergie. Il n'y a donc pas d'investissements superflus. Cette modularité permet aussi de maintenir en fonctionnement la plus grande partie de l'installation lorsqu'une pièce est défectueuse.

Le prix de revient d'une éolienne va probablement diminuer dans les années à venir suite aux économies d'échelle qui pourront être réalisées sur leur fabrication.

Techniquement au point, les éoliennes sont rentables dans les régions bien ventées.

La période de haute productivité, située souvent en hiver où les vents sont plus forts, correspond à la période de l'année où la demande d'énergie est la plus importante.

L'énergie éolienne produit de l'électricité sans engendrer de pollution, gaz nocifs, effluents, déchets… Elle n'a aucun effet néfaste sur les populations, ni pour les générations à venir. Sur un site éolien, seul 1% de la surface est occupé par les machines. Le site peut presque toujours poursuivre son activité industrielle ou agricole.

Les éoliennes sont construites rapidement et sans nuisance pour le site qui après déconstruction retrouve très facilement son état initial. La durée de vie d'une éolienne est estimée à 20 ans environ.

1.2.4.2 Problèmes liés aux sites isolés

Le problème de l'énergie éolienne est l'inconstance de la puissance fournie. Quand cette puissance est inférieure à la capacité de la charge de l'utilisation, il faut une source de puissance complémentaire (par exemple, un groupe électrogène Diesel ou une batterie d'accumulateurs). Afin de contrôler cette puissance pour répondre continuellement à la demande de la charge de l'utilisation, il faut l'intervention d'un système de régulation de façon à maintenir constantes la fréquence et la tension.

1.2.4.3 Conditions d'implantation d'éoliennes

L'éolienne devra être située sur un plateau ou une colline à pente faible (la vitesse du vent augmente avec la hauteur), sur une surface dégagée et régulière, à une distance suffisante des obstacles naturels (arbres, dénivellations,) ou artificiels (maisons, murs, poteaux). Ces obstacles créent, au vent et sous le vent, des turbulences qui perturbent considérablement la rotation régulière des pales de l'éolienne et peuvent provoquer, après une courte période d'utilisation, la destruction de la machine [Web_INT].
Elle est orientée vers les vents dominants (d'où l'intérêt de mesurer, outre la vitesse du vent, sa direction).

La comparaison de cette dernière source d'énergie par rapport aux autres montre l'avenir de l'énergie éolienne pour l'alimentation des sites isolés.

Cette source d'énergie a toujours été utilisée pour fournir de l'énergie mécanique mais les besoins en électricité des petites agglomérations ou les endroits lointains, l'évolution technologique, les soucis environnementaux font de ce moyen de conversion de l'énergie un centre d'intérêt particulier des industriels actuellement.

1.2.4.4 Deux grandes familles d'éoliennes selon l'axe de rotation

Tout d'abord, les éoliennes sont différentes selon leurs axes de rotation par rapport au plan de la terre. On peut citer deux grandes familles d'éoliennes qui sont celles à axe horizontal et celles à axe vertical [GOU_82] [MUL_02]. Nous ne trouvons plus beaucoup sur le marché d'éoliennes à axe vertical même si certains constructeurs s'y intéressent encore. Il faut noter que la première éolienne de très grande puissance est à axe vertical.

a) Eoliennes à axe vertical

Les éoliennes à axe vertical ne nécessitent pas de système d'orientation par rapport à la direction du vent, mais sont, en général, de conception assez compliquée. Il existe deux modèles caractéristiques qui sont le type "Savonius" et le type "Darrieus".

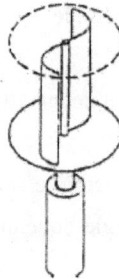

Figure 1. 5 : *Eolienne à axe vertical du type Savonius* [Web_FSA]

26

Figure 1. 6 : *Eolienne à axe vertical du type Darrieus* [Web_FSA]

Les éoliennes "Savonius" sont basées sur la traînée. Elles ne permettent pas de développer de grandes puissances et n'ont qu'un très faible rendement. De ce fait, elles ne connaissent pas un grand développement.

Les éoliennes "Darrieus" sont basées sur la portance. Elles sont plus sophistiquées et, bien qu'elles puissent développer une puissance plus grande, elles ne sont guère répandues car elles ne peuvent pas démarrer toutes seules [GOU_82][Web_WIN] .

Les avantages théoriques d'une machine à axe vertical sont les suivants :

Elle permet de placer la génératrice, le multiplicateur, et les autres éléments de la chaîne à terre, et on n'a pas besoin de munir la machine d'une tour.

Un mécanisme d'orientation n'est pas nécessaire pour orienter le rotor dans la direction du vent.

Les inconvénients principaux sont les suivants :

Les vents sont assez faibles à proximité de la surface du sol. Le prix d'omettre une tour est donc des vents très faibles sur la partie inférieure du rotor.

L'efficacité globale des éoliennes à axe vertical n'est pas impressionnante.

L'éolienne ne démarre pas automatiquement. (Ainsi, il faut par exemple pousser les éoliennes de Darrieus pour qu'elles démarrent.

Pour faire tenir l'éolienne, on utilise souvent des haubans ce qui est peu pratique dans des zones agricoles exploitées intensivement.

Pour remplacer le palier principal du rotor, il faut enlever tout le rotor. Ceci vaut tant pour les éoliennes à axe vertical que pour celles à axe horizontal, mais dans le cas des premières, cela implique un véritable démontage de l'éolienne entière.

b) Eoliennes à axe horizontal

Les éoliennes à axe horizontal (ou à hélice) sont de conception plus simple et ont un rendement élevé. Elles sont dès lors plus répandues. Leurs caractéristiques communes sont d'être montées au sommet d'un pylône et d'être équipées d'un système d'orientation dans le vent. Sur base du nombre de pales que compte l'hélice, on peut distinguer deux groupes: à rotation lente "multipales" et à rotation rapide "aérogénérateurs".

Les éoliennes à rotation lente "multipales" qui, depuis longtemps, sont relativement répandues dans les campagnes, en France par exemple, servent quasi-exclusivement au pompage de l'eau.

Les éoliennes à rotation rapide, bipales ou tripales, en général constituent actuellement la catégorie des éoliennes en vogue, et sont essentiellement affectées à la production d'électricité, d'où leur nom plus courant "d'aérogénérateurs".

Les éoliennes à axe horizontal sont différentes selon leur orientation par rapport à la direction du vent. On peut citer les éoliennes face au vent et celles sous le vent (Fig. 1.7) [GOU_82][MAN_02].

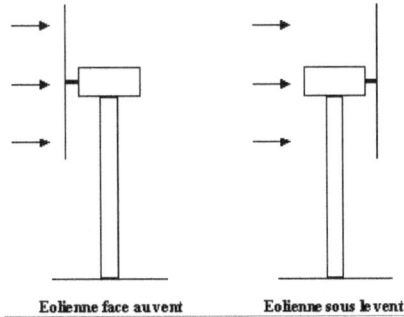

Eolienne face au vent   Eolienne sous le vent

Figure 1. 7 : *Eolienne à axe horizontal face au vent et sous le vent*

b-1) Eoliennes face au vent

Le rotor d'une éolienne face au vent est orienté dans la direction du vent. L'avantage principal de la conception face au vent est qu'on évite l'abri créé derrière la tour qui influe sur la production de l'éolienne. La grande majorité des éoliennes sont en effet conçues de cette façon.

Un certain effet d'abri est cependant également créé devant la tour, ce qui fait que le vent commence à dévier bien avant qu'il n'arrive à la tour, même lorsque celle-ci est ronde et lisse. En conséquence, chaque fois qu'une pale de rotor passe devant la tour, il y aura une légère diminution de la production de puissance de l'éolienne.

L'inconvénient principal des éoliennes face au vent est que le rotor doit être non flexible et placé à une certaine distance de la tour. En plus, il est primordial de munir une éolienne face au vent d'un mécanisme d'orientation afin que le rotor soit toujours tourné vers le vent.

b-2) Eoliennes sous le vent

Sur les éoliennes sous le vent, le rotor est placé du côté sous le vent de la tour. Théoriquement, ces éoliennes ont l'avantage de ne pas avoir à être munies d'un mécanisme d'orientation, à condition que le rotor et la nacelle aient été conçus de telle manière que la nacelle s'oriente passivement selon les changements de la direction du vent.

29

Un plus grand atout des éoliennes sous le vent est le fait qu'une telle conception permet l'emploi d'un rotor moins rigide ce qui comporte certains avantages, tant à l'égard du poids que de la dynamique structurale de la machine. Ainsi, les flexions naturelles des pales à des vitesses de vent élevées enlèvent automatiquement une partie de la charge à laquelle la structure est exposée. L'avantage fondamental des machines sous le vent est donc qu'il est possible de les construire plus légères que les éoliennes face au vent.

L'inconvénient fondamental d'une éolienne sous le vent est la variation de la production d'électricité provoquée par le passage du rotor à travers l'ombre de la tour, variation qui risque d'augmenter sensiblement les charges de fatigue sur une telle éolienne par rapport à celles que subit une éolienne face au vent.

1.2.4.5 Turbines éoliennes à calage variable et à calage fixe

Les éoliennes à calage variable ont des pales mobiles autour de leur axe longitudinal, pour pouvoir varier l'angle de calage. Concevoir une éolienne à pas variable suppose une ingénierie très avancée afin d'assurer le positionnement exact des pales. En général, le système de régulation pivote les pales de quelques degrés à chaque variation de la vitesse du vent pour que les pales soient toujours positionnées à un angle optimal par rapport au vent, de façon à assurer le meilleur rendement possible à tout moment. Le mécanisme de calage est normalement opéré par un système hydraulique.

Sur une éolienne contrôlée à calage variable, un contrôleur électronique vérifie plusieurs fois par seconde la puissance de sortie de l'éolienne. En cas de puissance de sortie trop élevée, le contrôleur électronique de l'éolienne envoie une commande au dispositif de calage qui pivote immédiatement les pales légèrement sur le côté, hors du vent.

Inversement, les pales seront pivotées de manière à pouvoir mieux capter de nouveau l'énergie du vent, dès que le vent aura baissé d'intensité.

Les éoliennes à pas variables permettent de contrôler la vitesse de rotation de la génératrice par rapport à la vitesse du vent entraînant ainsi une amélioration du rendement par rapport à celui des éoliennes à calage fixe. Cependant, la mise en œuvre de ce dispositif ainsi que le système de commande qui l'accompagne induit un coût de fabrication supplémentaire. Presque tous les fabricants de nos jours utilisent ces deux technologies selon les besoins [CLA_01].

1.3 ELEMENTS CONSTITUTIFS D'UNE CHAINE DE CONVERSION D'ENERGIE EOLIENNE

La figure suivante représente les éléments d'une éolienne du type J48 de Jeumont Schneider [MUL_02].

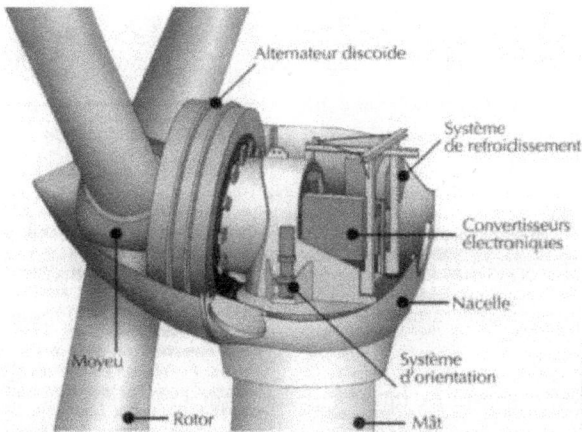

Figure 1. 8 : *Eclaté de la nacelle de l'éolienne J48*

31

Une chaîne de conversion d'énergie éolienne est composée d'éléments de conversion principalement de nature mécanique et électrique. Les principales composantes d'un système ordinaire de conversion de l'énergie éolienne sont une turbine éolienne, une génératrice électrique, un dispositif d'interconnexion et un système de contrôle. Les turbines peuvent être à axe vertical ou horizontal.

La plupart des turbines modernes sont dotées d'un axe horizontal comprenant deux ou trois pales, et peuvent fonctionner face au vent ou sous le vent. La turbine peut être à vitesse constante ou à vitesse variable. Les turbines à vitesse variable peuvent produire de 8 à 15 % plus d'énergie que les turbines à vitesse constante, mais elles doivent être dotées d'un convertisseur électronique de puissance pour produire une tension et une fréquence fixes pour les charges. La majorité des éoliennes qu'on trouve sur le marché d'aujourd'hui utilise une boîte d'engrenages de multiplicateur de vitesse entre le rotor de la turbine à basse vitesse et la génératrice triphasée à grande vitesse. La tendance actuelle qui est la configuration à entraînement direct, où le rotor de la turbine est couplé directement à la génératrice, est d'une grande fiabilité, exige une maintenance minime et permet parfois de réduire les coûts. Plusieurs concepteurs ont opté pour la configuration à entraînement direct pour leurs nouvelles turbines. On utilise souvent les génératrices à aimants permanents et les génératrices à induction à cage d'écureuil pour les petites et moyennes puissances en raison de leur fiabilité et de leur coût moins élevé. Diverses turbines à grande puissance sont actuellement dotées de génératrices à induction et récemment de génératrices synchrones à aimants permanents.

Les dispositifs d'interconnexion assurent le réglage de la puissance, le démarrage en douceur et les fonctions d'interconnexion des turbines. Il s'agit très souvent de convertisseurs électroniques.

La plupart des turbines modernes sont dotées de convertisseurs à modulation de largeur d'impulsions (MLI) permettant de produire de l'énergie de qualité à tension et à fréquence fixes. Les deux types de convertisseurs, soit à source de tension avec régulation de tension et à source de tension avec régulation de courant, ont été utilisés pour les éoliennes. Le réglage de certaines turbines à grande puissance est assuré par un convertisseur à double MLI, qui permet le transport d'énergie dans les deux sens entre la génératrice de la turbine et le réseau de puissance infinie dans le cas où l'éolienne y est connectée.

Les paragraphes suivants exposent les différents éléments pouvant constituer une chaîne de conversion d'énergie éolienne.

1.3.1 Captage de l'énergie mécanique du vent

La turbine éolienne est l'élément qui convertit l'énergie cinétique du vent en énergie mécanique de rotation pour entraîner la génératrice. La force exercée par le vent est captée par les pâles qui vont se mettre à tourner du fait de leur aérodynamisme qui est dimensionné pour cette application.

La puissance du vent est proportionnelle au cube de la surface balayée par les pâles donc contrairement à ce qu'on pense souvent, ce n'est pas le nombre de pâles qui rend le système plus puissant mais c'est surtout leur taille. Plus elles sont grandes, même si elles sont moins nombreuses, plus la surface qu'elles balaient est énorme, et plus la puissance recueillie augmente [GOU_82]. Une seule pâle est donc tout à fait suffisante mais le meilleur compromis (puissance / esthétique), est attribué au tripale.

Ceci étant dit, si pour des applications spécifiques comme la propulsion des navires ou le pompage d'eau qui nécessitent un couple assez élevé, on préfère utiliser les éoliennes multipales.

On a une source renouvelable mais qui est tout à fait aléatoire, fluctuante, saisonnière et surtout non conservable. Ceci entraîne des contraintes au niveau de la conception du système aussi bien dans le domaine de la mécanique que sur celui de l'électricité.

En général, une éolienne démarre avec une vitesse du vent supérieure à 3 m/s. Avec cette vitesse, elle ne peut pas délivrer sa puissance nominale mais il faut avoir une certaine vitesse dénommée «vitesse nominale ». La possibilité d'orienter les pâles sur les positions adaptées, en modifiant l'angle de calage, nous permet de contrôler le système pour qu'il puisse fournir la puissance optimale. Au delà d'un seuil supérieur de la vitesse du vent qu'on fixe auparavant, on arrête le système pour des raisons de sécurité. Pour cela on peut utiliser les systèmes de contrôle par force centrifuge, la régulation et freinage par gouvernail articulé, la régulation et freinage par basculement de l'éolienne sur le dos, la régulation aérodynamique des pâles et l'arrêt par frein à disque automatique.

La puissance maximale que l'on peut extraire d'un site éolien est limitée à 59,3% de la puissance du vent exploitable selon BETZ [GOU_82][MAN_02]. En effet, pour pouvoir bénéficier, au maximum possible, de la puissance disponible, le dimensionnement des pâles jouent un rôle très important car ce sont elles qui assurent le captage de l'énergie.

1.3.2 Eléments de transmission du mouvement

Dans le marché d'aujourd'hui, la plupart des aérogénérateurs comportent un système d'engrenages qui consiste à adapter la vitesse de rotation transmise sur l'arbre de la génératrice. Ceci est du au fait que la grande majorité des génératrices utilisées sont encore à grande vitesse alors que la turbine éolienne tourne à une vitesse relativement faible. Il faut donc adapter la vitesse de rotation de manière à ce que la génératrice puisse fournir une puissance acceptable et fonctionne dans une meilleure condition. Il y a donc deux arbres de transmission. Il y a celui qui est du côté de la turbine éolienne tournant à basse vitesse et celui qui est du côté de la génératrice tournant à grande vitesse.

Ceci dit, la boîte d'engrenages est non seulement un élément nécessitant un grand emplacement mais il a aussi un poids considérable. De plus, il est source de vibration, de bruit et nécessite une maintenance fréquente entraînant l'augmentation du coût d'entretien [CHE_98][PAP_99]. En effet la tendance actuelle est orientée vers la conception de machines tournant à basse vitesse avec un grand nombre de pôles. Cette solution éliminera les contraintes posées par le système d'engrenage et toutes les pertes qu'il génère.

1.3.3 Conversion électromécanique de l'énergie

Dans une chaîne de conversion de l'énergie électrique, la génératrice est un des éléments les plus importants car c'est le composant qui assure la conversion de l'énergie mécanique en énergie électrique ou inversement.

Des tas de variétés de machines électriques sont utilisés pour ce genre de conversion de l'énergie mais les plus utilisées sont les machines à induction lorsque le système est connecté à un réseau de puissance infinie et les machines synchrones à aimants permanents (MSAP) pour les sites isolés.

Avec une machine à rotor bobiné, une alimentation externe est indispensable. Ceci oblige l'utilisateur à entretenir de façon régulière la source d'alimentation du circuit d'excitation. D'ailleurs, le fait d'avoir une bobine supplémentaire qui augmente la contrainte de la machine en terme de volume et empêche la conception d'une machine à plusieurs nombre de pôles afin de pouvoir entraîner la machine à vitesse lente. D'où, avec ce genre de machine, l'entraînement direct est très rare.

35

Les machines asynchrones nécessitent l'utilisation d'une source d'alimentation de la machine telle qu'une batterie de condensateurs si elles ne sont pas connectées à un réseau de puissance infinie, ce qui n'est pas le cas d'un site isolé qui est considéré loin de toute autre source. Cela revient donc au même cas des machines à excitation par électro-aimant car le dispositif n'est pas totalement indépendant.

Les génératrices synchrones à aimants permanents (GSAP) sont particulièrement intéressantes pour l'alimentation des sites isolés car des aimants permanents sont actuellement capables de développer une puissance massique élevée. En outre, aucune autre source externe n'est indispensable pour exciter la machine, ce qui veut dire que le système peut être autonome. Ceci permet la fabrication de machines avec un grand nombre de pôles pour fonctionner à basse vitesse. Avec une machine tournant à basse vitesse l'accouplement direct de la turbine éolienne à l'arbre de la génératrice est devenu possible, et c'est la tendance actuelle des constructeurs. Ce qui élimine ensuite la boîte d'engrenages.

1.3.4 Traitement de l'énergie électrique

Les génératrices synchrones tournent avec une vitesse qui est conditionnée par la vitesse de rotation de la turbine éolienne. Elles tournent donc à une vitesse variable en fonction de la vitesse du vent mais dans des plages bien définies auparavant. Cela leur permet de tirer un maximum parti de l'énergie du vent et évite une trop complexe régulation de vitesse. En revanche, cette vitesse variable de la turbine en occurrence le générateur électrique, produit des tensions et fréquences variables qui pourraient être utilisables pour certaines applications (chauffage, pompage de l'eau, rotation d'une meule, réfrigération…). L'instabilité de ces grandeurs est à éviter autant que possible car des récepteurs tels que l'éclairage, les appareils électroménagers, Hi-Fi… sont très sensibles à ce phénomène.

Dans ce cas, on doit d'abord redresser la tension de sortie du générateur et la tension continue obtenue est ensuite à convertir en une tension alternative, cette fois-ci de tension et fréquence constantes. Avant la reconversion des grandeurs continues à la sortie du redresseur en grandeurs alternatives, le courant et la tension sont tout d'abord filtrés afin d'améliorer leur qualité.

La technologie de la vitesse variable, utilisée jusqu'ici par les éoliennes de petite et moyenne puissance, s'étend actuellement aux éoliennes de grande puissance et pourrait être la technologie d'avenir, car les composants d'électronique de puissance de transformation et de retransformation du courant sont de moins en moins coûteux et de plus en plus performants.

1.3.5 Vitesse du vent aléatoire et fluctuante

Comme ce qui a été dit précédemment, le vent, qui constitue la source d'énergie, est le paramètre de base d'un dispositif éolien. Bien qu'il soit une source inépuisable et renouvelable, il a des caractéristiques qui rendent très délicate l'optimisation d'un système éolien. Ceci vient de son état aléatoire qui peut se présenter sous deux formes distinctes. Ce phénomène se caractérise par la vitesse d'écoulement d'un flux de vent [KIC_87].

On distingue la moyenne de la vitesse du vent sur une période bien déterminée qui s'appelle « composante lente ou saisonnière » et la « composante rapide ou de turbulence » qui est déterminée dans un délai plus court que celui de la composante saisonnière.

Dans un intervalle de temps donné, le vent peut prendre plusieurs directions. Ceci ne fait plus parti des préoccupations des chercheurs car les systèmes d'orientation du dispositif selon la direction du vent existants dans le marché actuellement sont déjà très efficaces. On utilise généralement un gouvernail ou une girouette.

Un dispositif de prévention des vents excessifs, qui est très utile pour les zones cycloniques, doit être mis en place. Il consiste à arrêter l'aérogénérateur au cas où la vitesse du vent dépasserait un seuil fixé au préalable. Ce système de régulation emploie dans la majorité des cas, des capteurs de vitesse du vent tels que les anémomètres.

Ainsi, les situations géographiques et les conditions météorologiques ou climatiques d'un site sur lequel on envisage implanter une ferme éolienne sont très importantes puisqu'elles ont beaucoup d'influence sur les caractéristiques du vent.

Pour caractériser un site, des études statistiques devraient être effectuées longtemps avant pour déterminer la répartition annuelle et la densité de probabilité de la vitesse du vent.

Un site pourrait être acceptable si la moyenne du vent varie au-dessus de 3m/s car la plupart des éoliennes démarrent avec cette vitesse.

Les caractéristiques du terrain aussi sont à prendre en compte car la vitesse du vent augmente avec l'altitude.

L'étude du comportement dynamique d'un aérogénérateur doit s'effectuer dans les conditions les plus proches possibles des conditions réelles de fonctionnement d'une turbine éolienne donnée. Il est donc nécessaire de considérer le vent comme un processus aléatoire et de donner une attention particulière à sa modélisation. Pour cela, on peut considérer une caractéristique qui donne la densité spectrale de puissance de la vitesse du vent obtenue expérimentalement [NIC_02].

La fonction de répartition de la vitesse du vent d'un site, selon les études statistiques, peut être modélisée par des approches analytiques connues telles que la loi normale Gaussienne, la loi khi deux, mais les plus utilisées sont la distribution de RAYLEIGH et celle de WEIBULL [NDI_95].

1.3.6 Système de stockage de l'énergie

L'énergie éolienne est une forme d'énergie qui n'est pas présente à tout moment. Des fois il y a suffisamment voire beaucoup de vent, entraînant un surplus d'énergie alors que des fois il y en moins ou pas du tout. Il faut donc prévoir un système d'appoint ou de stockage pour assurer ces creux. Le système d'appoint consiste à concevoir un système hybride éolien/diesel ou éolien photovoltaïque par exemple. Mais cette solution coûte relativement cher d'où le recours au système de stockage. Ce dernier pose de nos jours un des problèmes fondamentaux du génie électrique car l'électricité se stocke difficilement et a pour conséquence des dispositifs encombrants et coûteux.

1.3.6.1 Utilité du système de stockage

Le stockage de l'énergie a deux principales missions [MUL_02] :

a) Le secours

Il s'agit de renvoyer à l'utilisation l'énergie stockée dans le système de stockage. Pour l'instant, le secours est le domaine réservé des accumulateurs électrochimiques de type plomb-acide ou cadmium-nickel. Cependant, des recherches ont été effectuées avec des générateurs aluminium-air (secours longue durée, grande compacité) ainsi qu'avec des volants d'inertie (courte durée : quelques minutes, grande puissance).

b) La régulation de charge stationnaire (adaptation de la consommation à la production)

Il s'agit de stocker l'énergie fournie par la production pendant les creux de consommation pour la restituer pendant les pointes (nivellement de charge).

Avec un stockage idéal (quantité d'énergie et sa répartition), les dispositifs de production n'auraient à être dimensionnés que par rapport à la puissance moyenne consommée. Pour le réglage de la fréquence, il est actuellement nécessaire de prévoir une marge de puissance suffisante (2,5% dans un réseau de très forte puissance comme le nôtre et allant jusqu'à 30% sur des réseaux isolés de faible puissance). Notons que si l'utilisation des énergies renouvelables (éoliennes, photovoltaïques) se développe, la production deviendra plus irrégulière, nécessitant par là même un accroissement de ce besoin de régulation. Les systèmes de stockage doivent alors être capables d'emmagasiner des énergies importantes et de les délivrer pendant des durées de l'ordre d'une à deux heures, l'électronique de puissance est l'interface la mieux adaptée. Une maintenance minimale est un critère très important.

Il faut noter qu'on moment où le système de stockage renvoie de l'énergie, il devrait être capable de fournir une tension d'alimentation de bonne qualité.

1.3.6.2 Moyens de stockage

Plusieurs moyens de stockage sont maintenant disponibles sur le marché tels que les condensateurs, les supercapacités, les accumulateurs électrochimiques (*au plomb-acide, au nickel à électrolyte alcalin, au métal, au sodium à électrolyte d'alumine, au lithium à électrolyte sel fondu, au lithium-carbone*), les volants d'inertie, les inductances et les stockages hydrauliques.

Le principe ayant la plus grande capacité de stockage d'énergie électrique est l'accumulateur électrochimique. Il n'y a que de faibles améliorations à attendre des technologies classiques, le progrès réel viendra des technologies nouvelles.

L'accumulateur au lithium, grand espoir du stockage de l'énergie devrait permettre un gain dans un rapport 3:1. Aujourd'hui, il démarre dans les applications de très petite puissance (équipements électroniques portables) et sa faisabilité industrielle à un coût compatible avec les applications électrotechniques reste à démontrer. Au passif de l'accumulateur électrochimique, il faut citer ses inconvénients, faible puissance massique, durée de vie fonction de l'utilisation, durée de charge longue et maintenance pas toujours négligeable.

Dans un domaine très différent, le condensateur a des propriétés très complémentaires de celles de l'accumulateur électrochimique. Stable, avec une durée de vie élevée, il ne demande pas de maintenance, et il est capable de fournir des puissances considérables (plusieurs kW/kg) pendant des durées très courtes. Par contre, il est handicapé par une très faible capacité de stockage en énergie (moins du centième de celle des accumulateurs électrochimiques). Là aussi, on prévoit des progrès (gain de 1 à 5) pour ces prochaines années. Le progrès le plus important viendra d'un nouvel élément, la "supercapacité" qui, après avoir pénétré le domaine des très faibles puissances, commence à arriver dans celui des fortes puissances. Intermédiaire entre les condensateurs et les batteries électrochimiques, ces éléments ouvrent des champs d'application intéressants par leur capacité de surcharge alliée à une capacité de stockage non négligeable.

On voit se développer, plus au stade des études qu'à celui des réalisations industrielles, d'autres systèmes qui font appel aux capacités de stockage électromécanique (inertiel) ou électromagnétique supraconducteur. Ces systèmes qui peuvent délivrer des puissances massiques très importantes nécessitent des accessoires qui conduisent à des coûts très élevés. Dans le cas du stockage électromagnétique, il faut prendre en compte la maintenance des dispositifs de réfrigération des supraconducteurs.

Les applications de ces systèmes de stockage sont donc très restreintes et ne concernent que des activités très particulières qui permettent d'en accepter le coût.

Comme l'indique le tableau 1.1, ce sont encore les batteries électrochimiques qui permettent de stocker la plus grande énergie volumique ou massique ce qui explique leur succès. Cependant leur longévité et leur rapidité de décharge sont insuffisantes dans certaines applications. Puisque aucun système de stockage ne possède les deux qualités de pouvoir stocker beaucoup d'énergie et de pouvoir la délivrer rapidement (puissance), on a intérêt, dans certains cas, à combiner deux dispositifs ayant des qualités complémentaires, par exemple, une batterie électrochimique et une supercapacité. Le stockage inertiel est très prometteur en termes de compromis puissance/énergie.

Tableau 1. 1 : *Comparaison des différents systèmes de stockage de l'énergie*[MUL_96]

performances 1995	accumulateurs électrochimiques				inertiel	inductif	condensa-teurs	Super-capacités
	Pb-acide	Ni-Cd	LiC	NaS				
W.h/kg	30	50	150	120	25 ?	4	⊛ 0,25	⊛ 5,5 ?
W/kg crête	80	200	200	150	~ 2000	28 10⁶	⊕ qq 10⁴	500 à 2000
densité	2.4	2	2.6ª	1.1	2	2.1	1.39	2
cyclabilité	500 à 80%ª de PdDª	1500	~ 1000	~ 100	très élevé	très élevé	très élevé	élevé
maturité industrielle	oui	oui	oui : petits accu non : gros	débuts	non	oui pour les supra BT	oui	oui : petits accu non : gros
temps minimal de décharge	15 mn	15 mn	45 mn	45 mn	1 mn	< 1 ms	<< 1 ms	10 s
durée de stockage	> 1 mois	~ 1 mois	> 1 an	qq jours	qq mn	> 1 h	qq s	qq mn
coût de l'énergie ou de la puissance	~ 1000 F/kW.h	~ qq 1000 F/kW.h	?	?	> 1000 F/kW	?	?	qq 100 F/kW

1.3.7 Système de commande et de contrôle d'un dispositif éolien

La puissance éolienne extraite par le dispositif de conversion est fonction des différents régimes de vitesses du vent admissibles pour le fonctionnement de la turbine.

Une turbine éolienne est généralement dimensionnée pour fonctionner à une puissance nominale P_n, qui correspond à la vitesse nominale du vent v_n. La courbe de puissance extraite par le dispositif, en fonction de la vitesse du vent est donnée par la figure suivante :

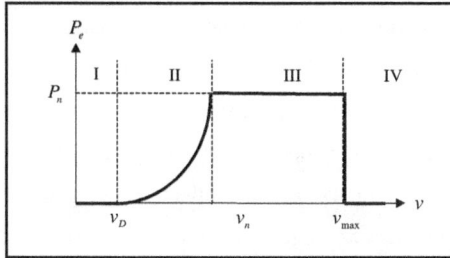

Figure 1. 9 : *Caractéristiques de la puissance extraite par une éolienne en fonction de la vitesse du vent*

Sur la caractéristique de la figure 1.9, il existe quatre zones principales qui sont [DIO_99(1)] :

- la zone I, où la vitesse du vent est inférieure à la vitesse de démarrage de l'éolienne. Dans ce cas la turbine ne fonctionne pas et ne produit donc pas d'énergie ;
- la zone II, dans laquelle la vitesse du vent est comprise dans le domaine $[v_D, v_n]$. L'optimisation de la conversion d'énergie éolienne est effectuée dans cette zone où la vitesse est variable, la caractéristique est d'allure cubique ;
- la zone III, où la puissance développée par l'éolienne est maintenue, par diverses techniques, constante à la puissance nominale, qui correspond à la vitesse de vent nominal ;
- la zone IV, où la vitesse du vent dépasse la vitesse maximale admissible par l'éolienne. Dans ce cas, la turbine est arrêtée par le système d'arrêt d'urgence afin de protéger la partie mécanique de l'éolienne et d'éviter sa destruction.

D'un autre côté, le dispositif doit fournir en permanence une tension et une fréquence constantes. Ces contraintes obligent les utilisateurs à mettre en œuvre un système de commande et de contrôle performant afin d'assurer la qualité de l'énergie produite.

Pour cela, des éoliennes comportent une boîte d'engrenages, multiplicatrice de vitesse afin d'adapter la vitesse de rotation de la génératrice pour qu'elle fonctionne toujours autour de sa vitesse de rotation nominale. Nous avons vu précédemment que ce module présente plusieurs inconvénients, ce qui fait que la tendance actuelle est surtout vers l'accouplement direct de la turbine éolienne à la génératrice mais ceci demande des génératrices fonctionnant à basse vitesse donc plusieurs nombre de pôles. Mais comme ce qui a été mentionné dans le paragraphe traitant des génératrices, des aimants performants permettent actuellement la construction de ce genre de machine. Cette dernière est encore à optimiser car elle ne fonctionne pas encore à toutes les gammes de puissance.

Ce moyen de régulation de la vitesse de rotation peut être combiné avec la modification de l'angle de calage des pales de la turbine dans le cas des pâles orientables. La modification de l'angle de calage permet d'augmenter le couple de démarrage de la turbine. Cela fait que la turbine peut démarrer pour des vitesses du vent plus faibles, ce qui permet de valoriser le potentiel éolien du site, où est exposée la turbine.

Pour satisfaire aux besoins d'utilisation de l'énergie, ces deux moyens plutôt mécaniques ne suffisent pas. Il faut donc d'autres systèmes qui consistent à connecter des convertisseurs statiques à la génératrice. L'association redresseur commandé-hacheur-onduleur est l'idéal car elle offre une grande marge de commande à tous les niveaux.

1.4 DIFFERENTS TYPES DE CONFIGURATIONS DE DISPOSITIF EOLIEN

L'aérogénérateur est un moyen de conversion électromécanique de l'énergie assez récent par rapport aux autres types de centrales électriques de type fossile. Ceci dit, il est en plein développement car le prix du KWh ne cesse de diminuer et la qualité de l'énergie produite augmente grâce à l'évolution de la technologie de nos jours. Cette dernière propose des équipements de plus en plus performants tels que l'amélioration de l'aérodynamisme des pales, des variétés de génératrices plus légères et ayant un rapport couple massique élevé, des convertisseurs statiques plus intéressants. Tout ceci entraîne plusieurs types de configurations de dispositif éolien qu'on trouve sur le marché d'aujourd'hui. Ces diversités peuvent se justifier par la recherche d'une meilleure exploitation de l'aérogénérateur en terme de rendement, de qualité de l'énergie produite et du coût du KWh avec le moins d'impacts environnementaux possibles.

Dans le but de situer l'éolienne à entraînement direct et à base d'une génératrice à aimants permanents, dans le paragraphe suivant, les grandes familles d'éoliennes sont définies selon le type de génératrice utilisé.

1. 4. 1. Systèmes couplés au réseau alternatif

1. 4. 1. 1. Génératrices asynchrones à cage

C'est dans les grandes puissances (au-delà de 100 kW) que l'on rencontre des systèmes reliés au réseau et produisant "au fil du vent". Bien que la première machine qui vient à l'esprit pour de tels systèmes soit la génératrice synchrone, le faible coût et la standardisation des machines asynchrones a conduit à une très large domination des génératrices asynchrones à cage jusqu'à des puissances dépassant le mégawatt.

Les machines asynchrones à cage ne nécessitent qu'une installation assez sommaire. Elles sont souvent associées à une batterie de condensateurs de compensation de la puissance réactive (Fig.1.10) et à un démarreur automatique progressif à gradateur ou à résistances permettant de limiter le régime transitoire d'appel de courant au moment de la connexion au réseau [MUL_02].

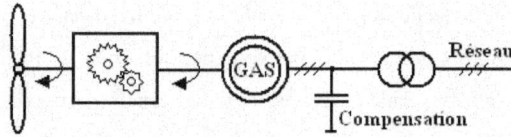

Figure 1. 10 : *Chaîne de conversion à génératrice asynchrone à cage*

Nous avons vu précédemment l'intérêt de la variation de vitesse. Une solution couramment employée consiste à utiliser des machines asynchrones à cage à 2 configurations polaires du bobinage statorique qui procurent ainsi deux vitesses de synchronisme.

1. 4. 1. 2. Génératrices asynchrones à rotor bobiné

La machine asynchrone à rotor bobiné et à double alimentation présente un atout considérable. Son principe est issu de celui de la cascade hyposynchrone : le stator (ou le rotor) est connecté à tension et fréquence fixes au réseau alors que le rotor (ou le stator) est relié au réseau à travers un convertisseur de fréquence (plus ou moins élaboré). Si la variation de vitesse requise reste réduite autour de la vitesse de synchronisme, le dimensionnement du convertisseur de fréquence (électronique de puissance) peut être réduit.

En effet, si K est le rapport de la vitesse maximale sur la vitesse minimale (par exemple $K = \dfrac{\Omega_{max}}{\Omega_{min}} = 2,5$), sa puissance de dimensionnement est $\dfrac{K-1}{2K}$ fois la puissance maximale générée (30%).

La figure 1.11 montre deux systèmes à double alimentation. Le premier est à convertisseurs à thyristors. Il n'est plus utilisé car il présente trop d'inconvénients en termes de facteur de puissance et de formes d'ondes (côté machine et côté réseau). Actuellement, ce sont les systèmes à deux convertisseurs triphasés à modulation de largeur d'impulsion qui sont utilisés (second système), généralement à IGBT [BAU_00].

Les machines à rotor bobiné (double alimentation) nécessitent un rotor sensiblement plus complexe ainsi qu'un système triphasé de bagues et balais pour connecter les enroulements rotoriques au convertisseur.

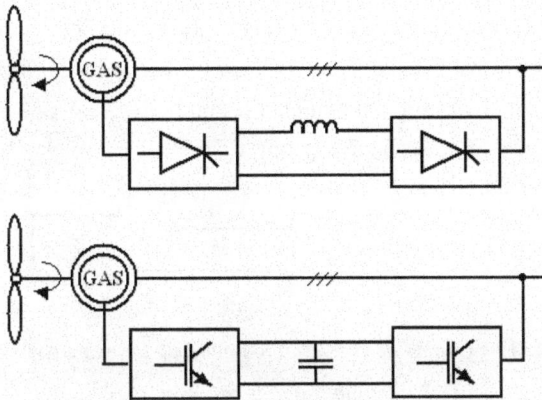

Figure 1. 11 : *Chaînes de conversion à génératrice asynchrone à rotor bobiné*

Les problèmes d'usure et de maintenance associée pourraient conduire à préférer une solution à vitesse variable constituée d'une génératrice asynchrone à cage associée à un convertisseur de fréquence (Fig.1.12),

47

mais il ne semble pas qu'elle ait encore trouvé un débouché, sans doute pour des raisons économiques.

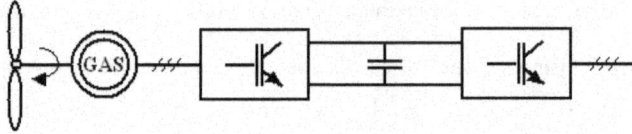

Figure 1. 12 : *Chaîne de conversion à génératrice asynchrone à cage et convertisseur de fréquence*

1. 4. 1. 3. Génératrices synchrones

Enfin, tout particulièrement dans le cas des entraînements directs (sans multiplicateur mécanique), on utilise des machines synchrones. Leurs performances, notamment en terme de couple massique, sont très intéressantes lorsqu'elles ont un très grand nombre de pôles, leur fréquence étant alors incompatible avec celle du réseau, le convertisseur de fréquence s'impose naturellement. C'est pourquoi les machines à entraînement direct sont toutes à vitesse variable [BAU_00].

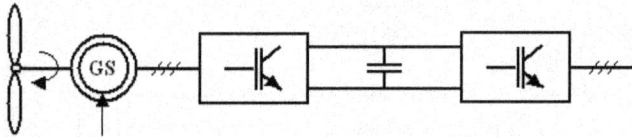

Figure 1. 13 : *Chaîne de conversion à génératrice synchrone à rotor bobiné (ou à aimants) et convertisseur de fréquence*

Les génératrices synchrones à entraînement direct sont encore peu nombreuses, le principal fabricant est Enercon (plusieurs milliers de machines sont déjà en service, 300 kW, 600 kW, 1MW et 1,8 MW). L'inducteur (rotor) est bobiné, il nécessite un système bagues lisses-balais ou un système à diodes tournantes sans contact (comme dans les « alternateurs classiques » de production) pour amener le courant continu. Le courant d'excitation constitue un paramètre de réglage qui peut être utile pour l'optimisation énergétique, en plus du courant d'induit réglé par l'onduleur MLI.

Pour des raisons de compacité et de rendement, des génératrices synchrones à aimants permanents apparaissent (Jeumont Industrie, 750 kW) et devraient prendre une place croissante dans les prochaines années.

On trouve également des machines synchrones « rapides » associées à un multiplicateur de vitesse, comme chez le constructeur Made (gamme au-delà de 800 kW). Ces machines fonctionnent à vitesse variable, elles débitent sur un redresseur à diodes, puis la tension continue est convertie à travers un onduleur MLI pour être compatible avec le réseau auquel elles sont connectées. La figure 1.14 montre une comparaison des performances énergétiques pour différentes chaînes de conversion sur une machine tripale de 600 kW [HOF_00].

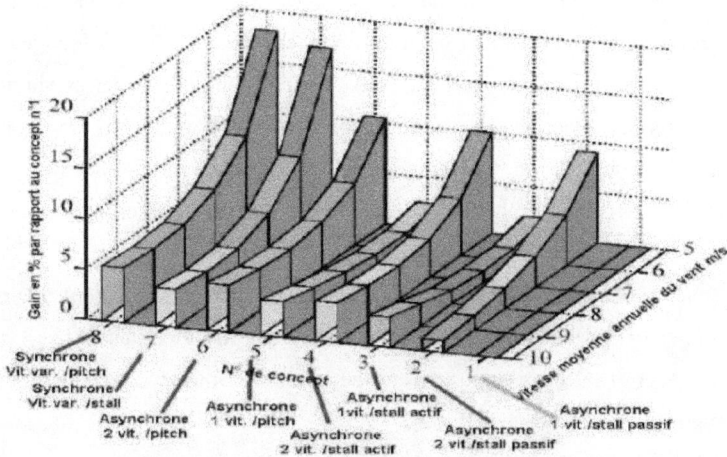

Figure 1. 14 : *Comparaison des performances énergétiques de différentes chaînes éoliennes*

La solution de référence est à régulation stall et à génératrice asynchrone à cage à une vitesse. La plus performante est à régulation pitch, à entraînement direct de type synchrone. On peut remarquer que c'est aux faibles vitesses de vent que l'on obtient les gains énergétiques les plus importants.

Ces résultats dépendent également du profil des pales (ici type Goe 758), des conditions de vent, notamment de l'intensité des turbulences (ici 10%), de la vitesse de base normalisée (ici $\lambda = 6$), du moment d'inertie du rotor (ici 500 kg.m²)…

1. 4. 2. Systèmes en site isolé

Pour les réseaux de petites puissances en site isolé, une solution couramment employée consiste à associer les aérogénérateurs à un ou des groupes électrogènes, souvent diesel. Dans la version la plus rudimentaire, la génératrice est de type asynchrone à cage et est auto-amorcée par condensateurs. Pour éviter des démarrages trop fréquents du groupe électrogène, ou pour assurer les transitions, des batteries électrochimiques, voire des accumulateurs inertiels, peuvent également être associées via un convertisseur électronique. Une autre solution couramment employée consiste à utiliser un bus continu intermédiaire avant de transformer l'énergie en courant alternatif. Dans le cas des très petites puissances, l'énergie est directement consommée en courant continu.

Le bus continu présente l'avantage d'interconnecter plus aisément divers systèmes de production (éolien, photovoltaïque, pile à combustible…) et des batteries électrochimiques qui peuvent se trouver directement en tampon sur de tels bus [GER_02].

La figure suivante montre une solution de plus en plus employée pour associer un aérogénérateur à un tel système [DUB_00].

La génératrice est de type synchrone à aimants permanents (entraînement direct comme il s'agit de puissances modestes) débitant directement, à travers un pont de diodes triphasé, sur le bus continu et l'accumulateur électrochimique (Fig. 1.15).

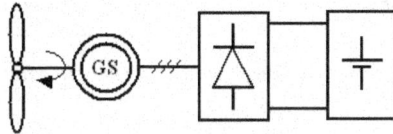

Figure 1. 15 : *Aérogénérateur à aimants débitant directement à travers un pont de diodes sur le bus continu.*

Le débit direct (à travers un simple redresseur en pont à diodes) de la machine synchrone sur une source de tension continue peut surprendre. En fait, c'est grâce à l'inductance d'induit de la machine synchrone de forte valeur que les courants restent proches des formes sinusoïdales et que les rendements de conversion sont corrects. En cas de surcharge de la batterie (trop de tension), un contacteur met en court-circuit l'induit de la génératrice. La turbine est alors arrêtée en rotation.

1.4.3. Accouplement avec boîte d'engrenages et accouplement direct

L'entrée sur le marché de la technologie à entraînement direct d'un aérogénérateur est très récente. En 1999, l'accouplement direct constituait environ 10% des aérogénérateurs en service [PET_03][DUB_00] [HAN_01][GRA_99]. Les figures suivantes illustrent quelques configurations d'aérogénérateurs existants sur le marché destinées à l'alimentation des sites isolés.

51

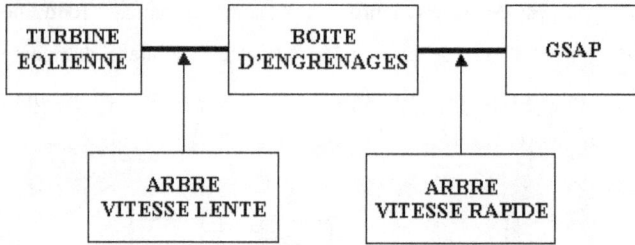

Figure 1. 16 : *Système de conversion de l'énergie éolienne avec boîte d'engrenages*

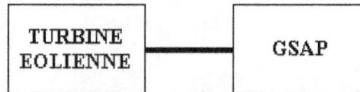

Figure 1. 17 : *Système de conversion de l'énergie éolienne sans boîte d'engrenages*

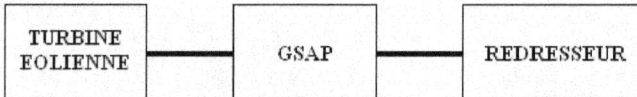

Figure 1. 18 : *Système de conversion de l'énergie éolienne sans boîte d'engrenages avec redresseur*

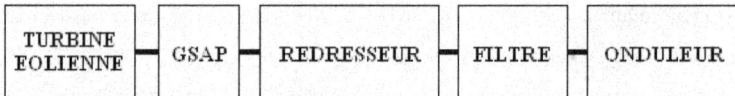

Figure 1. 19 : *Système de conversion de l'énergie éolienne sans boîte d'engrenages associé à un système d'électronique de puissance composé d'un redresseur, un filtre et un onduleur*

1.5 DISPOSITIF EOLIEN ETUDIE

1.5.1. Eléments constituant la CCEE

A ce niveau, il est important de faire poindre notre problématique; le vent étant une grandeur fluctuante et la charge sur un site isolé étant variable, l'optimisation du transfert de l'énergie ne peut se faire convenablement que si les interactions entre vent et charge sont correctement représentées et étudiées à travers un système de conversion donné.

D'où la justification de notre travail : mettre à la disposition du lecteur des outils d'analyse et des résultats de simulation aidant à la compréhension de ces interactions entre vent et charge électrique afin de mieux penser les outils d'optimisation du transfert de l'énergie actuels et à venir.

En outre, une source isolée est par définition éloignée de toutes les autres sources de type « réseau infini », d'où la nécessité d'une source d'énergie autonome, simple mais qui est capable d'assurer la continuité de la production d'énergie.

Nous avons mentionné ultérieurement (cf. § 1.2) qu'à part l'énergie thermique, les différentes autres principales sources pouvant être utilisées que ce soit éolienne, solaire ou hydroélectrique subissent des variations selon plusieurs paramètres mais surtout selon les conditions climatiques. En terme de continuité d'énergie, le groupe électrogène est la solution conseillée mais coûte relativement cher pour une utilisation en permanence et à long terme. Il faut donc trouver un compromis en associant deux ou plusieurs de ces sources constituant ainsi le couplage hybride de différentes sources.

Il faut noter que l'instabilité des énergies produites par les sources renouvelables précitées nécessite des éléments de traitements de l'énergie tels qu'un redresseur, un filtre, un onduleur, et éventuellement un système de stockage de l'énergie pour stocker les surplus d'énergie et les restituer si besoin est. La figure 1. 20 représente un système hybride composé de différentes sources ainsi que des éléments de traitement de l'énergie.

L'objectif est d'arriver à une meilleure contribution des sources renouvelables afin de réduire le coût d'ensemble tout en assurant la continuité et la stabilité de l'énergie produite.

Le travail traité dans ce document entre dans ce cadre. Nous cherchons à modéliser et analyser une partie de cette configuration. Il s'agit de l'énergie éolienne.

Pour cela nous optons pour une chaîne de conversion de l'énergie comportant des éléments ne nécessitant ni la mise en œuvre d'autres installations supplémentaires ni l'intervention fréquent des utilisateurs mais en gardant un minimum de composants indispensables et les plus autonomes possibles.

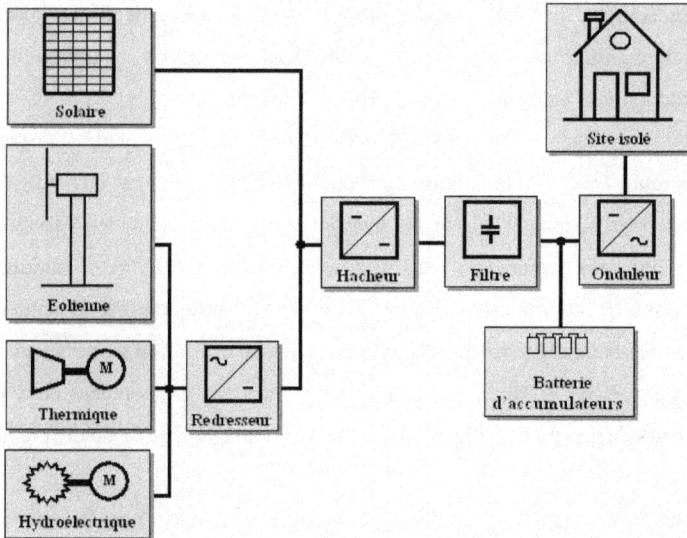

Figure 1. 20 : *Schéma d'un système hybride destiné à l'alimentation des sites isolés*

Ceci justifie le choix d'un dispositif éolien étudié qui est composé d'une turbine éolienne à calage fixe accouplée directement à un générateur à aimants permanents. Aucun système de régulation n'est considéré dans le cadre de ce travail d'où le choix de ce type de turbine. Elle est associée directement à la génératrice puisque la boîte d'engrenages est source de bruit, augmentant le poids de l'ensemble du dispositif et nécessitant une maintenance régulière. La génératrice est à aimants permanents afin d'éviter la mise en place d'une source supplémentaire pour l'exciter. Tout ceci est ensuite connecté à un système de traitement de l'énergie composé d'un redresseur à diodes, d'un filtre LC et d'un onduleur à commande par onde pleine. Le choix du redresseur à diodes vient du fait qu'il ne nécessite pas un système de commande des interrupteurs.

En résumé, le dispositif éolien analysé dans le cadre de cette étude comporte les éléments suivants :

➢ turbine éolienne à calage fixe,
➢ génératrice synchrone à aimants permanents,
➢ redresseur à diodes,
➢ filtre LC,
➢ onduleur à commande par onde pleine

La figure suivante représente les différents éléments de la chaîne avec les grandeurs d'entrées qui sont le vent et la charge électrique.

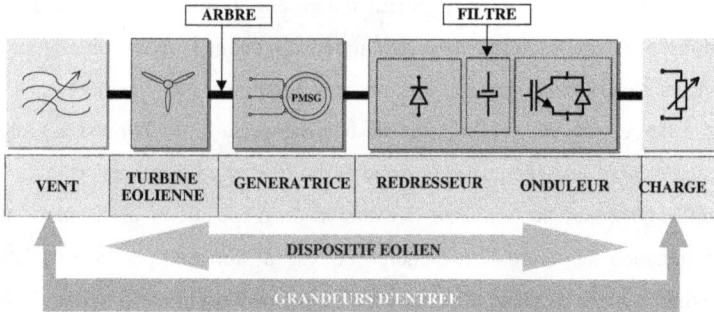

Figure 1. 21 : *Schéma synoptique d'un dispositif éolien à accouplement direct*

1.5.2. Problématique liée aux systèmes pluridisciplinaires

La CCEE est constituée de plusieurs éléments pluridisciplinaires. Il faut donc aborder la problématique de la modélisation « multi-échelles » indispensable dans toute activité de modélisation des systèmes. En plus clair, les modèles des différents dispositifs peuvent être plus ou moins précis et donc plus ou moins complexe selon le niveau ou bien la distance à partir de laquelle on observe la chaîne de conversion. Exemple : on n'a pas forcément besoin d'avoir, dans le spectre de la puissance électrique fournie à la charge, les harmoniques de denture de la GSAP. Dans ce cas, on se contentera d'un modèle triphasé de la machine. Dans le même ordre d'idées, on n'a pas toujours forcément besoin de prendre en compte les temps morts dans la modélisation des convertisseurs.

Les modèles fins ne sont pas pour autant à exclure : ils servent à des simulations où on cherche à identifier et comprendre des phénomènes secondaires par rapport à l'objectif principal et qui est le transfert d'une puissance moyenne à la charge. Plus on affine, plus c'est complexe et plus c'est lourd en terme de temps de calcul. Plus on simplifie et plus on allège et plus on va vite mais on perd en terme de précision.

D'où l'idée de prévoir une modélisation « multi-échelles » permettant de jeter un regard sur la chaîne de conversion en grossissant ou en réduisant l'objectif.

1.5 CONCLUSION

Dans ce chapitre, nous avons effectué dans un premier temps une comparaison des différentes sources d'énergies électriques exploitables dans le cas des sites isolés. Ceci dans le but de situer l'énergie éolienne, qui est l'objet de notre étude, parmi les différentes autres sources. Ensuite, nous avons exposé les différents éléments constitutifs d'un aérogénérateur. Par ailleurs, afin de mettre en évidence la meilleure adaptation d'un aérogénérateur à base d'une machine à aimants permanents pour le cas de l'alimentation des sites isolés, nous avons exposé quelques configurations de chaîne de conversion d'énergie éolienne existantes dans le marché de nos jours. Enfin, dans la dernière partie, le système de conversion d'énergie éolienne adopté et étudié dans le cadre de ce travail est défini.

CHAPITRE II

Problématiques de la modélisation d'une chaîne de conversion d'énergie éolienne et proposition de modèles

2.1 INTRODUCTION

Ce chapitre traite des problématiques et de la modélisation de l'ensemble du dispositif éolien. Ainsi, pour chaque élément de la CCEE, après avoir exposé les problèmes qui leur sont liés, un ou plusieurs modèle(s) est proposé selon les éléments. Dans une deuxième partie, les modèles sont connectés en respectant les liens de transfert d'énergie et les interactions entre les éléments adjacents. L'ensemble de ces modèles qui sont élaborés de façon modulaire constituera un système d'équations différentielles régissant le dispositif éolien.

En résumé, le dispositif éolien analysé dans le cadre de cette étude comporte les éléments suivants :

> ➢ turbine éolienne à calage fixe,
> ➢ génératrice synchrone à aimants permanents,
> ➢ redresseur à diodes,
> ➢ filtre LC,
> ➢ onduleur à commande par onde pleine

58

A ceux-ci sont rajouter deux éléments qui sont la vitesse du vent et la charge électrique. Ils sont considérés comme étant les grandeurs d'entrée du dispositif.

2. 2. MODELISATION DES ELEMENTS DU DISPOSITIF EOLIEN

2. 2. 1 Hypothèses de modélisation

➢ La génératrice synchrone à aimants permanents est connectée directement à la turbine éolienne.
➢ L'arbre de connexion est considéré rigide.

Les grandeurs caractéristiques d'interconnexion de chaque module sont données dans le tableau 2.1 [SAM_04(2)]. Les modèles de chaque élément qui seront exposés par la suite feront intervenir ces grandeurs.

Tableau 2. 1 : *Grandeurs d'interconnexion des différents éléments d'un dispositif éolien*

Module	Amont	Aval
Vent	-	v_W
Turbine éolienne	v_W	Γ_T
		Ω_T
Générateur électrique	Γ_S	$[V_G]$
	Ω_S	$[I_G]$
Redresseur	$[V_G]$	V_R
	$[I_G]$	I_R
Filtre	V_R	V_F
	I_R	I_F
Onduleur	V_F	$[V_I]$
	I_F	$[I_I]$
Charge	$[V_I]$	-
	$[I_I]$	

Avec :

v_W : Vitesse du vent

Γ_T : Couple éolien

Ω_T : Vitesse de rotation de la turbine éolienne

Γ_S : Couple sur l'arbre de la génératrice

Ω_S : Vitesse de rotation sur l'arbre de la génératrice

$[V_G]$: Tensions du stator de la génératrice

$[I_G]$: Courants du stator de la génératrice

V_R : Tension redressée

I_R : Courant redressé

V_F : Tension du filtre

I_F : Courant du filtre

$[V_I]$: Tensions de l'onduleur

$[I_I]$: Courants de l'onduleur

2. 2. 2 Le vent et ses comportements

La connaissance du phénomène "vent" est absolument indispensable pour en maîtriser l'énergie, en extraire la plus grande quantité au meilleur prix et dans les meilleures conditions de fiabilité et de sécurité.

Par ailleurs, le vent est une des grandeurs d'entrée de la chaîne de conversion dans le cadre de l'étude comportementale. Ainsi, sa bonne connaissance ne fera qu'apporter une amélioration des modèles proposés et l'efficacité des résultats d'analyse du dispositif.

Dans ce paragraphe, nous décrivons le phénomène du vent dans le temps et dans l'espace [KIC_87].

2. 2. 2. 1. Origine du vent

L'atmosphère est une couche de gaz qui enveloppe la terre. Ce gaz est un mélange d'air et de vapeur d'eau. L'air sec est constitué essentiellement d'azote, environ 78,1% et d'oxygène 20,9%, d'autres gaz environ 0,5% et la vapeur d'eau en faible quantité relative à moins de 0,5% en volume.

L'atmosphère est caractérisée par sa pression, sa température et son humidité. Ces paramètres varient avec l'altitude.

Le rayonnement solaire est absorbé de façon très différente aux pôles et à l'équateur du fait de la rotondité de la terre. Il est uniforme mais près du pôle il se répartit sur une plus grande surface qu'à l'équateur. L'énergie absorbée à l'équateur est donc très supérieure à celle absorbée aux pôles. Ces variations de température provoquent des différences de densité des masses d'air entraînant leur déplacement d'une latitude à une autre. Ces déplacements s'effectuent des zones où la densité de l'air (pression atmosphérique) est élevée vers celles où elle est faible. Ces lois définissent les mouvements généraux de déplacement des masses d'air, donc du vent.

On peut prévoir la direction des vents dominants dans la plupart des parties du globe avec une certaine assurance. Cependant ces directions uniques sont souvent perturbées par :

➢ les orages qui troublent la direction dominante,

➢ les obstacles naturels qui modifient le rapport des forces de telle sorte qu'au sol, l'air est moins dévié vers l'est (hémisphère nord) qu'en altitude et que les obstacles élevés modifient de façon notable la circulation générale des masses d'air,

➢ les dépressions cycloniques qui peuvent se déplacer dans n'importe quelle direction mais qui, en fait, ont tendance à aller dans certaines directions établies; ainsi en hémisphère nord entre les 30 et 60ème parallèles, elles ont tendance à se déplacer d'Ouest en Est.

Le vent est donc caractérisé par deux grandeurs variables par rapport au temps :

➢ la vitesse,

➢ la direction.

Elles agissent directement sur les qualités météorologiques du site d'implantation d'une éolienne.

2. 2. 2. 2 Variations temporelles du vent

a) Phénomènes instantanés – les rafales

Les rafales se définissent par des laps de temps très courts dont l'ordre de grandeur est de quelques secondes à quelques minutes et par une amplitude qui peut s'exprimer en écart de vitesse (par exemple 9m/s dans le sens longitudinal, 6m/s dans le sens transversal), ou en rapport d'intensité (passage de la valeur initiale à 3 fois la valeur de celle-ci).

On peut considérer que la vitesse du vent est la somme de deux grandeurs [KIC_87]:

➢ une vitesse moyenne de tendance

➢ une vitesse fluctuante autour de la moyenne

La puissance récupérable par une turbine éolienne est proportionnelle au cube de la vitesse du vent, ainsi des variations brutales de celle-ci entraînent des fluctuations considérables de l'énergie récupérable par cette même turbine éolienne.

Les fluctuations du vent imposent des contraintes qu'il sera nécessaire de prendre en compte dans l'utilisation d'un aérogénérateur et dans le calcul de son support, la plupart des systèmes de régulation ayant un temps de réponse souvent supérieur à la durée de la rafale.

b) Phénomènes journaliers

La différence d'inertie thermique entre l'eau et le sol va donner naissance à des vents thermiques particulièrement sensibles au lever et au coucher du soleil. Cette différence induit un écoulement de la mer vers la terre, le jour (brise de mer) et de la terre vers la mer, la nuit (brise de terre).

En région de montagne, le phénomène de brise existe également : dans la journée, l'air remonte des vallées alors que la nuit, l'air froid des sommets a tendance à descendre le long des pentes.

c) Phénomènes mensuels

Les variations mensuelles dépendent essentiellement du lieu géographique et seuls les relevés météorologiques peuvent renseigner sur ces variations.

d) Phénomènes inter-annuels

La variation inter-annuelle peut avoir des conséquences importantes pour l'énergie récupérée. En effet, une variation de 25% de la vitesse moyenne annuelle du vent d'une année à l'autre, ce qui n'est pas exceptionnel, entraîne une variation de l'énergie éolienne d'un facteur très voisin de deux.

2. 2. 2. 3. Variations d'orientation du vent dans le temps

Les variations instantanées de direction et les turbulences sont caractéristiques de sites perturbés par des obstacles qui modifient l'écoulement régulier des masses d'air.

Cette distribution du vecteur vent moyen est souvent représentée sous la forme d'une rose de vents à 18 directions (par secteur de 20°) dont la forme des branches est proportionnelle à la fréquence de la direction du vent. La figure suivante montre la rose de vent de la région de Caen. [Web_WIN]

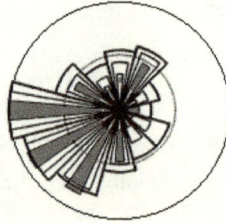

Figure 2. 1 : *Rose de vent dans la région de Caen*

Cette représentation permet de mettre en évidence les "vent dominants" d'un site, c'est à dire les vents dont les directions sont les plus fréquentes. Ces variations instantanées de direction doivent être prises en considération car elles imposent des contraintes sévères à toutes les machines à axe horizontal.

2. 2. 2. 4 Variations de vitesse du vent avec la hauteur par rapport au sol

La vitesse du vent dépend essentiellement de la nature du terrain au-dessus duquel se propagent les masses d'air. Plusieurs formes empiriques, semi-empiriques ou théoriques sont utilisées pour présenter la variation de la vitesse moyenne avec la hauteur au-dessus du sol. Les plus souvent employées sont la loi de puissance et la loi logarithmique.

a) La loi de puissance

Les mesures de vitesses de vent auxquelles on peut se référer, sont en général effectuées par le biais des anémomètres placés à une distance bien précise au dessus du sol. La relation suivante permet d'exprimer la variation verticale de la vitesse du vent sur un site quelconque en fonction d'une vitesse moyenne de référence du vent correspondant à une hauteur de référence [GOU_82][MAN_02] :

64

$$\frac{\overline{V}_Z}{\overline{V}_{ref}} = \left(\frac{Z}{Z_{ref}} \right)^{\alpha} \tag{2.1}$$

$\overline{V}_z$: vitesse moyenne de l'écoulement à la hauteur Z.

$\overline{V}_{ref}$: vitesse moyenne de référence de l'écoulement à la hauteur de référence Z_{ref}

α est un coefficient déterminant le profil de vitesse dépendant du type de rugosité.

Il vaut 0,16 pour un terrain plat ou un plan d'eau ; 0,28 pour les terrains boisés et les banlieues des villes ; et 0,4 pour les centres urbains [FRA_]

b) La loi logarithmique

De la même manière que la relation précédente, la vitesse réelle du vent peut être exprimée en fonction d'une vitesse de référence selon une loi logarithmique.

$$\frac{\overline{V}_Z}{\overline{V}_o} = \frac{1}{K} \log\left(\frac{Z}{Z_o} \right) \text{ pour } Z \gg Z_o \tag{2.2}$$

avec $V_o = \sqrt{\frac{\tau_s}{p}}$: vitesse de frottement à la surface, fonction de sa rugosité

τ_s : force de frottement de l'air sur une surface unitaire

$K = 0,4$: constante de Von karman

Z_o : paramètre de rugosité (hauteur où la vitesse moyenne est nulle)

2. 2. 2. 5 Le vent et l'énergie éolienne

Les fluctuations de la vitesse du vent sont des fonctions aléatoires du temps et de l'espace. Sur une durée de 10mn à 1h, on peut les considérer comme stationnaires, où on peut les écrire en supposant que les grandeurs fluctuantes ne sont pas trop importantes.

En résumé, les variations de la vitesse du vent de basse fréquence sont dues aux successions des saisons, des passages des dépressions cycloniques et aux phénomènes thermiques quotidiens.

Le vent peut être décomposé en une vitesse moyenne et une vitesse fluctuante. Les éoliennes, dans leur ensemble, ne sont affectées dans leur fonctionnement et leur rendement énergétique que dans une plage de fréquence allant de 0,01Hz à 1Hz.

Ainsi, pour modéliser d'une façon pertinente la réponse de l'éolienne, il faut tout d'abord connaître les fluctuations du vent en intensité et en direction.

2. 2. 3 Modélisation de la vitesse du vent

La vitesse du vent est la grandeur d'entrée du système de conversion d'énergie éolienne. Il est donc une importante variable à modéliser car la précision des simulations dépendra de la qualité de son modèle. Les comportements de cette grandeur ont été exposés dans le deuxième paragraphe de ce chapitre.

La vitesse du vent a une variation aléatoire et a une caractéristique fluctuante. Ainsi, dans le but de reproduire ces caractéristiques, il existe deux possibilités qui sont les mesures expérimentales et la modélisation analytique. La première consiste à effectuer des mesures expérimentales sur un site éolien bien défini.

Cette première solution est certes beaucoup plus précise que la deuxième mais seulement elle ne permet pas de simuler différents types de profil de vitesse du vent. Ceci veut dire que le profil de la vitesse du vent obtenu sera propre à un site donné et ne pourra plus être modifié si on veut obtenir un fonctionnement ne correspondant pas au profil du site considéré.

La deuxième possibilité semble plus souple car il s'agit d'une modélisation analytique de la grandeur. Par la suite, on s'intéresse particulièrement à celle ci.

Nous avons déjà mentionné précédemment que le vent peut être considéré comme un processus purement aléatoire. Des études effectuées antérieurement ont montré que cette grandeur peut être décomposée en deux composantes.

Sur une échelle de temps comprise entre quelques fractions de secondes et quelques heures, le vent peut être considéré comme un phénomène aléatoire. Cette composante s'appelle « la composante de turbulence ».

Sur de plus longues périodes, les caractéristiques moyennes du vent dans un site donné varient régulièrement. Cette composante est dénommée « composante lente ».

Une des méthodes les plus utilisées pour modéliser le vent est la caractéristique spectrale de Van Der Hoven (Fig.2.2) [NIC_02]. Dans ce modèle, la composante de turbulence est considérée comme un processus aléatoire stationnaire et donc elle ne dépend pas de la variation de la moyenne de la vitesse du vent. A partir de cette caractéristique spectrale de puissance, on effectue une discrétisation directe dans le but de reproduire la caractéristique du vent du site.

Par ailleurs, la turbine est supposée toujours face à la direction du vent.

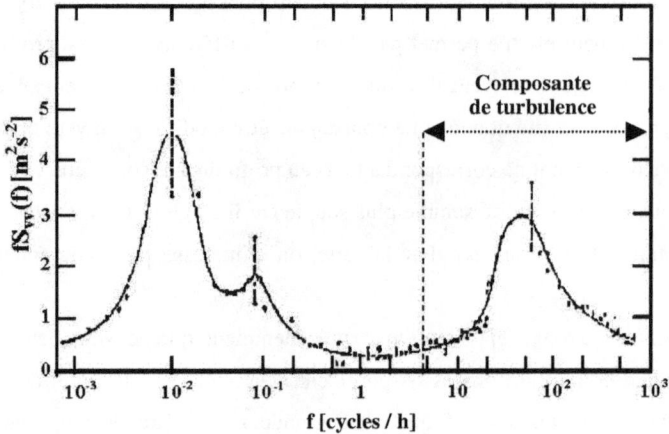

Figure 2. 2: *Caractéristique spectrale de Van Der Hoven d'un site donné*

Les étapes à suivre sont les suivantes :

- Discrétisation de la pulsation w.
- Calcul des surfaces S_i délimitées par les pulsations discrètes consécutives et les surfaces S_{vv} relevées sur la caractéristique de Van Der Hoven correspondantes :

$$S_i = \frac{1}{2}\left[S_{vv}(w_i) + S_{vv}(w_{i+1})\right](w_{i+1} - w_i) \qquad (2.3)$$

- Détermination de l'amplitude A_i de chaque composante spectrale caractérisée par la pulsation discrète w_i :

$$A_i = \sqrt{S_i} \qquad (2.4)$$

- Calcul de la vitesse du vent $v(t)$ qui est la somme des harmoniques caractérisées par les amplitudes A_i, les pulsations w_i et les phases φ_i qui sont générées aléatoirement :

$$v(t) = \frac{2}{\pi} \sum_{i=0}^{N} A_i \cos(w_i t + \varphi_i) \qquad (2.5)$$

Précédemment, on a mentionné que la caractéristique de Van Der Hoven suppose la composante de turbulence comme un processus stationnaire. Ceci ne correspond pas à la réalité car la turbulence doit varier avec la moyenne de la vitesse du vent. Des mesures effectuées sur des sites réels ont montré que la turbulence augmente avec la moyenne de la vitesse du vent. Ainsi, nous allons considérer que la composante de turbulence est cette fois-ci non stationnaire. Pour ce faire, la vitesse du vent obtenue précédemment va être décomposée en deux expressions qui correspondent respectivement à la composante lente $v_l(t)$ et la composante de turbulence $v_t(t)$. Elles sont exprimées de la façon suivante :

$$v(t) = v_l(t) + v_t(t) \qquad (2.6)$$

$$v_l(t) = \frac{2}{\pi} \sum_{i=0}^{N_l} A_i \cos(w_i t + \varphi_i) \qquad (2.7)$$

$$v_t(t) = \frac{2}{\pi} \sum_{N_t}^{N} A_i \cos(w_i t + \varphi_i) \qquad (2.8)$$

N_l est le nombre d'échantillons de la composante lente et la différence entre le nombre total des échantillons N et N_t représente le nombre d'échantillons de la composante de turbulence.

Aucune autre modification ne sera apportée au niveau de la composante lente. Par contre, on applique des filtres à la composante de turbulence afin que celle-ci reproduise une caractéristique plus proche de la réalité [NIC_02]. Son amplitude est ajustée avec un coefficient **K** qui augmente avec la composante lente et est modifiée par un filtre ayant une constante de temps τ_F

Les expressions mettant en évidence ces filtres sont les suivantes :

$$K = \frac{\alpha_1 v_l}{\beta_1 + v_l} \tag{2.9}$$

$$\tau_F = \tau_0 - a_1 v_l \tag{2.10}$$

α_l, β_l, τ_0 et a_l sont des constantes.

La figure 2.3 représente un exemple de la vitesse simulée pour une vitesse moyenne de 9m/s.

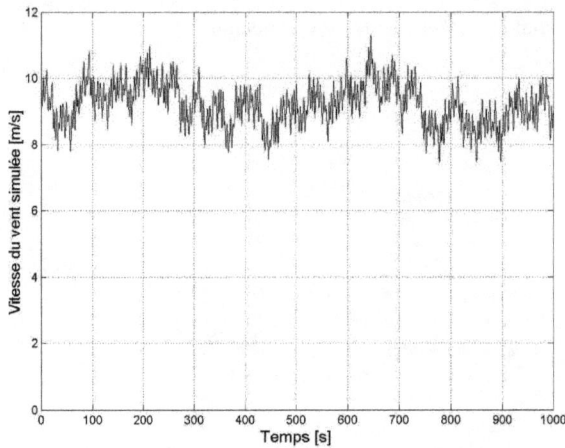

Figure 2. 3 : *Vitesse du vent simulée pour une moyenne de 9m/s*

70

2. 2. 4 Modélisation de la turbine éolienne

Les grandeurs mécaniques qui relient la turbine éolienne et le générateur électrique sont le couple développé par la turbine et la vitesse sur l'arbre. Il faut noter que ce couple est dépendant de la vitesse de rotation. La modélisation de la turbine consiste donc à modéliser le couple développé par les pales de la turbine.

2. 2. 4. 1 Puissance éolienne disponible d'un site

La puissance maximale disponible d'un site pour une vitesse du vent donnée est proportionnelle au produit de la surface balayée par les pales et le cube de la vitesse du vent. Elle est donnée par la relation suivante [GOUR_82][MAN_02] :

$$P_w = \tfrac{1}{2}\rho S v^3 \qquad\qquad (2.11)$$

$$\text{avec } S = \pi R^2 \qquad\qquad (2.12)$$

ρ est la masse volumique de l'air, R le rayon des pales et S la surface vent balayée par les pales de la turbine.

2. 2. 4. 2 Coefficient de puissance et coefficient de couple

La puissance et le couple que la turbine peut développer sont définis à partir de cette puissance disponible par des coefficients C_p et C_Γ appelés respectivement coefficient de puissance et coefficient de couple. Ces deux coefficients sont liés par la relation suivante [GOUR_82][MAN_02]:

71

$$C_p(\lambda) = \lambda C_\Gamma(\lambda) \tag{2.13}$$

$$\text{avec } \lambda = \frac{R\Omega}{v} \tag{2.14}$$

λ est la vitesse spécifique, Ω la vitesse de rotation sur l'arbre, C_p le coefficient de puissance et C_Γ le coefficient de couple.

2. 2. 4. 3 Puissance et couple développés par la turbine

A partir des relations (2.11) et (2.13), la puissance et le couple développés par la turbine sont respectivement donnés par les expressions suivantes :

$$P_t = P_w C_p = \tfrac{1}{2}\rho\pi R^2 v^3 C_p \tag{2.15}$$

$$\Gamma_t = \frac{P_t}{\Omega} = \tfrac{1}{2}\rho\pi R^3 v^2 C_\Gamma \tag{2.16}$$

La précision des expressions de la puissance ainsi que du couplé éolien dépend donc fortement du coefficient de couple. Pour cela, on peut être face à deux situation : soit le coefficient est connu, c'est à dire fourni par les constructeurs donc il reste à effectuer des interpolations pour obtenir un modèle ; soit le coefficient n'est pas connu, par conséquent, il faut procéder par des calculs purement mécanique. Ces deux possibilités sont considérées et modélisées dans les paragraphes suivants.

2. 2. 4. 4 Turbine éolienne à calage fixe

Dans le cas où le coefficient de couple est fourni par le constructeur, la modélisation peut se faire avec une approximation polynomiale d'ordre N [DIO_99(1)][BOR_97] :

$$C_\Gamma(\lambda) = a_0 + \sum_{i=1}^{N} a_i \lambda_i \tag{2.17}$$

L'inconvénient de ce type de modélisation réside dans le fait que le modèle ne fait pas intervenir l'angle de calage des pales. Le modèle du couple éolien obtenu dépend seulement de la vitesse de rotation et de la vitesse du vent. D'où cette approche est généralement destinée à modéliser les turbines à calage fixe.

$$\Gamma_t(v,\Omega) = \tfrac{1}{2}\rho\pi R^3 v^2 C_\Gamma(\lambda) \tag{2.18}$$

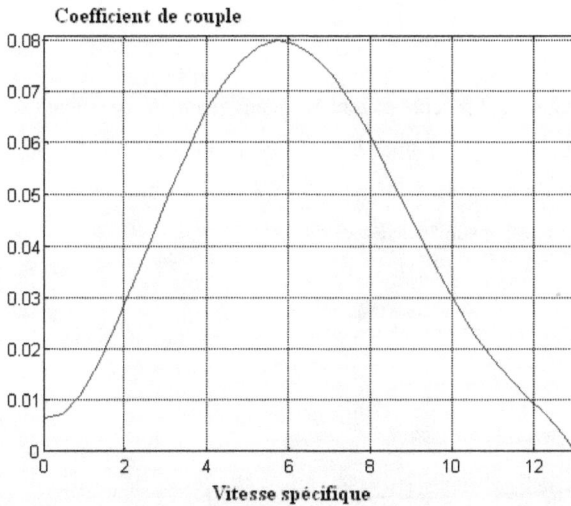

Figure 2. 4 : *Coefficient de couple pour une turbine éolienne à calage constant*

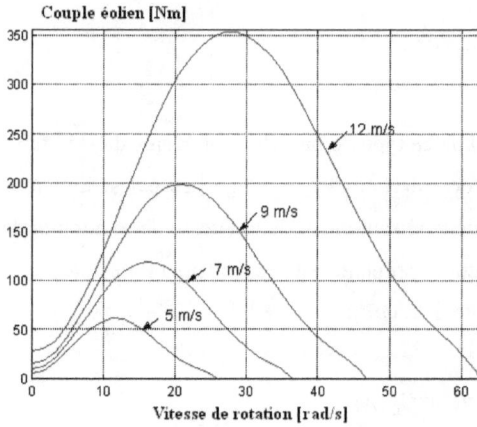

Figure 2. 5 : *Couple éolien à calage constant en fonction*
de la vitesse de rotation

La figure 2.4 et 2.5 représentent respectivement le coefficient de couple obtenu avec un polynôme d'ordre 6 identifié à partir des données techniques d'une turbine du type NACA 2015 [DIO_99(1)] et le couple éolien à calage constant correspondant.

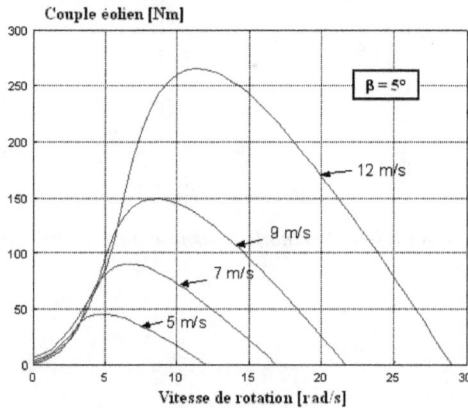

Figure 2. 6 : *Couple éolien à calage variable en fonction*
de la vitesse de rotation

2. 2. 4. 5 Turbine éolienne à calage variable

Dans le cas où le coefficient de couple n'est pas donné, on peut modéliser la turbine éolienne par une méthode qui est basée sur les éléments de pale. Ce type de modélisation nécessite beaucoup plus de temps de calcul. Cependant, il permet de faire des études paramétriques de la variation de l'angle de calage de la turbine dans le cas des turbines à angle de calage variable. Dans ce cas, le couple éolien dépend de trois grandeurs : la vitesse du vent, la vitesse de rotation sur l'arbre de la turbine et l'angle de calage β (Fig.2.6) [DIO_99(1)] [DIO_99(1)] [MAN_02].

$$\Gamma_t(v, \Omega, \beta) = \tfrac{1}{2} \rho \pi R^3 v^2 C_\Gamma(\lambda, \beta) \tag{2.19}$$

La relation régissant l'équation du mouvement de l'ensemble turbine éolienne et générateur électrique est donnée par l'expression suivante :

$$\frac{d\Omega}{dt} = \frac{1}{J} \left(\Gamma_t - \Gamma_{em} - f \, \Omega \right) \tag{2.20}$$

avec Γ_{em} est le couple électromagnétique de la GSAP, J le moment d'inertie de l'ensemble et f le coefficient de frottement.

2. 2. 5 Modélisation de la génératrice

Plusieurs niveaux de modélisation de la GSAP tels que le modèle triphasé, le modèle de Park, le modèle basé sur la fonction de bobinage et la méthode des éléments finis peuvent être adoptés selon les contraintes et les précisions demandées

Il faut rappeler que nous sommes confrontés à un dispositif pluridisciplinaire et que le choix du modèle de chaque composant est très important pour la constitution du modèle globale du dispositif éolien. Il faut trouver un compromis entre précision et temps de calcul. Nous optons pour le modèle triphasé de la GSAP qui est la modélisation la plus légère possible de la machine.

A ce stade de l'étude, nous considérons un modèle générale de la GSAP en considérant les pôles saillants. Ainsi, les inductances varient en fonction de la position angulaire du rotor par rapport au stator. L'expression des tensions des phases du stator de la machine est donnée par la relation suivante [CHA_89][SAM_02(1)][SAM_02(2)] :

$$-[v_g] = \left\{ [R_g] + \Omega \frac{d[L_g]}{d\theta} \right\} [i_g] + [L_g] \frac{d[i_g]}{dt} + \frac{d[\Phi_A]}{dt} \tag{2.21}$$

avec $[\Phi_g] = [L_g][i_g] + [\Phi_A]$

$$\text{avec} [v_g] = \begin{bmatrix} v_a \\ v_b \\ v_c \end{bmatrix}, \ [i_g] = \begin{bmatrix} i_a \\ i_b \\ i_c \end{bmatrix}, \ [R_g] = \begin{bmatrix} r_s & 0 & 0 \\ 0 & r_s & 0 \\ 0 & 0 & r_s \end{bmatrix} \text{et} [L_g] = \begin{bmatrix} l(\theta) & m(\theta) & m(\theta) \\ m(\theta) & l(\theta) & m(\theta) \\ m(\theta) & m(\theta) & l(\theta) \end{bmatrix}$$

Φ_g est le vecteur flux des phases statoriques, v_g sont les tensions des phases du stator, i_g les courants des phases du stator, Φ_A les flux des aimants traversant les phases statoriques, θ la position angulaire du rotor par rapport au stator, Φ_M l'amplitude maximale des flux des aimants, r_s la résistance des phases du stator, l l'inductance propre d'une phase statorique et m l'inductance mutuelle entre deux phases statoriques.

Le couple électromagnétique de la machine est obtenu par la méthode des travaux virtuels qui consiste à dériver la coénergie magnétique stockée dans la machine par rapport à la position angulaire en considérant les courants invariants. Par conséquent, le couple peut s'exprimer de la façon suivante :

$$\Gamma_{em} = \frac{1}{2}[i_g]^t \frac{\partial[\Phi_g]}{\partial\theta} = \frac{1}{2}\left\{[i_g]^t\left(\frac{\partial[L_g]}{\partial\theta}\right)[i_g]+[i_g]^t\frac{\partial[\Phi_A]}{\partial\theta}\right\} \qquad (2.22)$$

Le premier terme de cette relation correspond au couple réluctant. Il vaut zéro dans le cas où la matrice inductance L_g de la machine ne varie pas en fonction de la position angulaire du rotor par rapport au stator. Le second terme correspond au couple principal dû à l'interaction stator/rotor.

La figure suivante représente le circuit électrique équivalent de la GSAP.

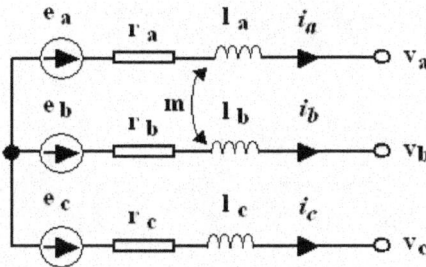

Figure 2. 7 : *Circuit électrique équivalent de la génératrice*

où e_j sont les forces électromotrices de la GSAP, $j = a, b$ ou c

Un paragraphe sera consacré à une modélisation de l'ensemble du dispositif éolien avec prise en compte de la saturation magnétique de la GASP. Pour cela, notre approche sera basée sur le modèle de Park.

La transformation de Park, appelée souvent transformation des deux axes, fait correspondre aux variables réelles ($[X_{abc}]$ ou $[X_g]$) leurs composantes ($[X_{dqo}]$) :

77

> ➢ d'axe en quadrature (indice q)

> ➢ d'axe direct (indice d)

> ➢ homopolaire (indice 0)

La matrice de transformation est notée [P(θ)] ou simplement [P].

$$[P] = \frac{2}{3} \begin{bmatrix} \cos(\theta) & \cos(\theta - 2\pi/3) & \cos(\theta - 4\pi/3) \\ -\sin(\theta) & -\sin(\theta - 2\pi/3) & -\sin(\theta - 4\pi/3) \\ 1/2 & 1/2 & 1/2 \end{bmatrix}$$

$$[P]^{-1} = \begin{bmatrix} \cos(\theta) & -\sin(\theta) & 1 \\ \cos(\theta - 2\pi/3) & -\sin(\theta - 2\pi/3) & 1 \\ \cos(\theta - 4\pi/3) & -\sin(\theta - 4\pi/3) & 1 \end{bmatrix}.$$

On a donc :

$$[X_{dqo}] = [P][X_g] \tag{2.23}$$

$$[X_g] = [P]^{-1}[X_{dqo}] \tag{2.24}$$

X peut être un courant, un flux ou une tension.

Dans l'application aux machines synchrones, θ est l'angle, compté dans les sens de rotation du rotor, que fait l'axe polaire ou axe direct de l'inducteur avec l'axe de la première phase (phase « a »). La transformation de Park permet d'éliminer l'angle θ de l'expression des flux à travers les enroulements rotoriques.

78

L'application de la transformation de Park au système d'équations (2.21) donne le système d'équations dans le repère de Park suivant :

$$\begin{cases} v_d = -(R_s i_d + \dfrac{d\phi_d}{dt} - \omega\phi_q) \\[2mm] v_q = -(R_s i_q + \dfrac{d\phi_q}{dt} + \omega\phi_d) \\[2mm] v_0 = -(R_0 i_0 + \dfrac{d\phi_0}{dt}) \end{cases} \qquad (2.25)$$

avec :

$$\omega = p\Omega \qquad (2.26)$$

$$\phi_d = L_d i_d + \phi_M \qquad (2.27)$$

$$\phi_q = L_q i_q \qquad (2.28)$$

$$\phi_0 = L_0 i_0 \qquad (2.29)$$

En associant les équations (2.25), (2.27) à (2.29), on obtient le système d'équations différentielles des tensions statoriques de la GASP linéarisée dans le repère de Park :

$$\begin{cases} v_d = -(R_s i_d + L_d \dfrac{di_d}{dt} - \omega L_q i_q) \\[2mm] v_q = -(R_s i_q + L_q \dfrac{di_q}{dt} + \omega L_d i_d + \omega\phi_M) \\[2mm] v_0 = -(R_0 i_0 + L_0 \dfrac{di_0}{dt}) \end{cases} \qquad (2.30)$$

79

2. 2. 6 Méthodes de modélisation des convertisseurs statiques

2. 2. 6. 1 Différentes méthodes de modélisation des convertisseurs statiques

L'étude d'un convertisseur statique se décompose généralement en deux étapes bien distinctes [MAT_94][BUH_87] : étude de la structure du convertisseur tout d'abord puis dimensionnement des composants actifs et passifs en fonction des contraintes subies. Ces deux aspects étant largement découplés dans la majorité des cas, il est souvent fait appel dans un premier temps à des simulateurs dédiés spécifiquement à l'analyse des structures. Dans de tels simulateurs, les composants de commutation sont généralement modélisés de façon simple (R_{on}/R_{off}, circuit ouvert/fermé).

Le choix délicat des paramètres de simulation (modèle, pas de calcul …) ainsi que la lourdeur d'un schéma complet rendent l'utilisation d'un simulateur généraliste (SPICE…) pénible et fastidieuse pour ce type d'application.

Dans le cadre de ces simulateurs à vocation "circuit", on distingue deux méthodes d'analyse du circuit, l'une dite "à topologie fixe", l'autre "à topologie variable". Cette dernière méthode, bien que connue depuis longtemps n'a jamais pu être intégrée dans un simulateur de structure universel en raison de la difficulté d'extraction des variables courants et tensions des semi-conducteurs. Ces composants étant en effet éliminés de la mise en équation, il se pose le problème du suivi des variables conditionnant les commutations.

Pour les méthodes "à topologie variable", de nombreux auteurs ont proposé divers moyens de contourner ce problème. La plus répandue est une méthode dite "avec a priori", ne considérant que les diverses configurations viables de la structure et les enchaînant selon des critères de commutation liés aux courants et tensions dans des composants "témoins" toujours existants dans le circuit réduit.

Cette méthode présente l'inconvénient de nécessiter une analyse préalable du circuit afin de déterminer les relations pertinentes conditionnant les commutations des semi-conducteurs. Certains auteurs ont proposé des méthodes mixtes permettant de réduire la sensibilité du simulateur au choix des Ron/Roff. Le modèle Ron/∞ permet de s'affranchir des constantes de temps secondaires liées aux états bloqués des semi-conducteurs sur une charge inductive. Sur charge capacitive, le problème reste entier. Dans le modèle des sources de tensions ajustées, on substitue aux semi-conducteurs passants et bloqués des sources de tension nulles (état ON) ou des sources de tension "ajustées" à chaque pas de telle manière que le courant les parcourant soit nul (état OFF). La recherche du zéro de courant à chaque pas de calcul reste cependant très pénalisante. D'autres études plus récentes font appel à des "matrices de connexion" pour redéfinir les systèmes linéaires attachés à chaque configuration du circuit. Ces méthodes purement mathématiques ne permettent cependant pas une quelconque analyse de viabilité de la structure étudiée.

Des auteurs utilisent aussi le modèle moyen des convertisseurs. Ceci consiste à établir un lien direct entre les grandeurs d'entrée et de sortie du dispositif. Cette méthode permet un gain de temps considérable par rapport aux autres méthodes, seulement, elle ne tient pas compte du comportement du dispositif considéré.

2. 2. 6. 2 Comparaison entre topologie fixe et topologie variable [MAT_94]

a) Modèle de convertisseurs statiques: topologie fixe

Le modèle classiquement utilisé pour la représentation des semi-conducteurs lors de l'étude de structures est celui de la résistance binaire: le semi-conducteur est alors remplacé selon son état de conduction, par une résistance de forte valeur (Roff) ou de faible valeur (Ron).

La mise en équation du circuit est unique, la topologie du circuit est fixe, seules les matrices résistives évoluent au gré de la commutation des interrupteurs. La figure suivante illustre ceci dans le cas de la simulation d'un hacheur.

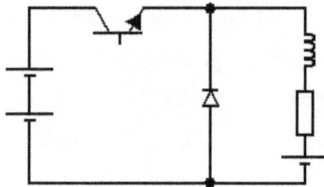

Figure 2. 8 : *Hacheur dévolteur*

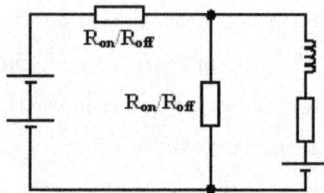

Figure 2. 9 : *Circuit équivalent en topologie fixe d'un hacheur dévolteur*

Malgré son avantage appréciable de simplicité, ce modèle d'interrupteur présente certains inconvénients. Le premier de ceux-ci concerne le compromis nécessaire à faire sur la valeur du rapport Ron/Roff: tandis qu'une bonne représentation des états bloqués et passants des semi-conducteurs justifierait un rapport élevé (de l'ordre de 10^8 à 10^{12}), la stabilité des méthodes d'intégration numériques ainsi que la précision des calculs matriciels imposent eux, un rapport inférieur à environ 10^6. Cette contrainte affecte la qualité des résultats obtenus, tant statiques (chutes de tensions aux bornes des semi-conducteurs surestimées, courants de fuite importants), que dynamiques (apparition de constantes de temps secondaires).

82

De plus, la totalité des calculs est effectuée en prenant en compte à tout instant le circuit complet alors que très souvent seule une partie de ce circuit est active: des calculs inutiles pourraient être évités.

b) Modèle de convertisseurs statiques: topologie variable

La méthode de la topologie variable considère les semi-conducteurs comme des interrupteurs parfaits, assimilables soit à des court-circuits soit à des circuits ouverts. Pour chaque phase de fonctionnement du convertisseur étudié, nous pouvons éliminer les interrupteurs en fusionnant les nœuds du circuit relatifs aux interrupteurs fermés et en supprimant les branches formées par ceux ouverts. Après élimination des semi-conducteurs, un certain nombre de branches du circuit se trouvent être en l'air ou court-circuitées. Il est donc possible de les supprimer et de simplifier ainsi, parfois grandement, le circuit sur lequel seront effectués les calculs (circuit réduit). La topologie du graphe évoluant au gré des changements de configuration mène à une analyse dite à "topologie variable". Les figures suivantes reprennent l'exemple du hacheur de la topologie fixe et met en évidence l'existence de trois configurations distinctes: chacune de celles-ci exige un jeu de matrices lui correspondant.

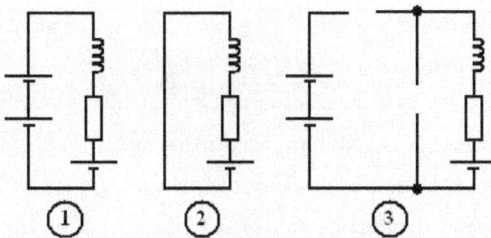

Figure 2. 10 : *Circuits équivalents en topologie variable d'un hacheur dévolteur*

83

Il faut noter que la troisième configuration n'exige aucune mise en équation et aucun calcul: il n'existe plus dans le circuit équivalent de maille fermée.

Le grand intérêt de la méthode réside dans le fait que tous les composants inutiles pendant une phase de fonctionnement, aussi bien les semi-conducteurs que les composants passifs, sont éliminés de la simulation.

Il en résulte, en particulier, que le problème des constantes de temps "parasites" (erreurs dynamiques) n'existe plus et qu'ainsi la méthode d'intégration et le pas de calcul peuvent être choisis avec une grande souplesse. Bien entendu, le volume global de calcul entre chaque commutation peut être notablement diminué, le graphe réduit pouvant s'avérer extrêmement simple. L'éventuelle élimination de condensateurs ou d'inductances entraîne de plus l'abaissement de l'ordre du système d'équation d'état. L'ensemble conduit à une réduction notable des durées de simulation. Il est important de préciser que cette méthode reste applicable pour tout type de circuit mettant en jeu des composants de commutation ainsi que des éléments passifs et des sources de tension; les associations convertisseur-machines faisant appel à des associations de ces composants ne font pas exception à la règle.

2. 2. 7 Modélisation du redresseur

Dans le cadre de cette étude, on utilise un redresseur à diodes (Fig.2.11). Les diodes sont supposées idéales et, par conséquent, leur conduction correspond à un court-circuit et leur blocage correspond à un circuit ouvert. Dans ces conditions, les deux diodes en conduction à chaque séquence correspondent à la phase ayant la tension la plus positive pour la diode du demi-pont supérieur et à la phase ayant la tension la plus négative pour la diode du demi-pont inférieur. Le tableau suivant représente les états de conduction des diodes selon le niveau des tensions des phases du stator de la génératrice [SAM_03(2)][ION_95] [SEG_92][FOCH_(1)].

Tableau 2. 2 : *Etats de conduction des diodes selon le niveau des tensions de la génératrice*

Etat des tensions	D_1	D_2	D_3	D_1'	D_2'	D_3'
$V_a > V_b > V_c$	On	Off	Off	Off	Off	On
$V_a > V_c > V_b$	On	Off	Off	Off	On	Off
$V_b > V_c > V_a$	Off	On	Off	On	Off	Off
$V_b > V_a > V_c$	Off	On	Off	Off	Off	On
$V_c > V_a > V_b$	Off	Off	On	Off	On	Off
$V_c > V_b > V_a$	Off	Off	On	On	Off	Off

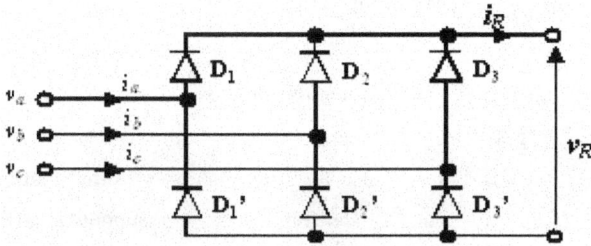

Figure 2. 11 : *Schéma électrique équivalent du redresseur*

2. 2. 8 Modélisation du filtre

Pour améliorer la qualité du courant et de la tension du bus continu, on utilise un filtre LC (Fig.2.12) passe-bas pour atténuer les harmoniques supérieures dues au redressement. Ce filtre est composé d'une inductance servant à lisser le courant du redresseur et d'un condensateur qui filtre la tension redressée.

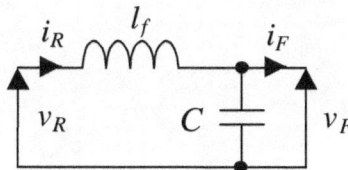

Figure 2. 12 : *Schéma de principe du filtre dans le bus continu*

85

Les équations de ce filtre reliant le redresseur à l'onduleur sont les suivantes :

$$\frac{dv_F}{dt} = \frac{1}{C}\left(i_R - i_F\right)$$ (2.31)

$$v_R = l_F \frac{di_R}{dt} + v_F$$ (2.32)

2. 2. 9 Modélisation de l'onduleur

Le convertisseur pris comme exemple est un onduleur à commande 120°, mais le principe reste valable pour les autres types de commande. Comme dans le cas du redresseur, les interrupteurs, constitués par un IGBT en anti-parallèle avec une diode (Fig.2.13), sont supposés parfaits. Le tableau 2. 3 représente la stratégie de conduite d'un onduleur triphasé de tension à commande 120° [ION_95] [SEG_95][FOCH_(2)]. Les cases grisées correspondent à des interrupteurs en conduction.

A la sortie de l'onduleur, on obtient un système de tensions triphasées et symétriques. Ainsi, les relations entre les tensions et les courants s'expriment comme suit :

$$i_{ach} + i_{bch} + i_{cch} = 0$$ (2.33)

$$u_{ab} + u_{bc} + u_{ca} = 0$$ (2.34)

$$v_{ach} = \frac{u_{ab} - u_{ca}}{3}$$ (2.35)

$$v_{bch} = \frac{u_{bc} - u_{ab}}{3}$$ (2.36)

$$v_{cch} = \frac{u_{ca} - u_{bc}}{3} \tag{2.37}$$

i_{jch} et v_{jch} sont respectivement les courants et les tensions de la charge avec $j = a, b, c$.

Tableau 2. 3 : *Stratégie de commande d'un onduleur triphasé de tension à commande 120°*

	0° - 60°	60° - 120°	120° - 180°	180° - 240°	240° - 300°	300° - 360°
K1						
K2						
K3						
K1'						
K2'						
K3'						

K_i et K_i' (i = 1 à 3) sont respectivement les interrupteurs du bras supérieur et inférieur.

Le tableau suivant représente les séquences de conduction des interrupteurs de l'onduleur ainsi que les tensions et courants de sortie correspondants [FOCH_(2)] [ION_95][SAM_03(2)].

Tableau 2. 4 : *Séquences de conduction des interrupteurs de l'onduleur à commande 120°*

Angle	Bras1	Bras2	Bras3	U_{ab}	U_{bc}	U_{ca}	v_{ach}	v_{bch}	v_{cch}
0° - 60°	K1	K2'	K3'	v_F	0	$-v_F$	$2v_F/3$	$-v_F/3$	$-v_F/3$
60° - 120°	K1	K2	K3'	0	v_F	$-v_F$	$v_F/3$	$v_F/3$	$-2v_F/3$
120° - 180°	K1'	K2	K3'	$-v_F$	v_F	0	$-v_F/3$	$2v_F/3$	$-v_F/3$
180° - 240°	K1'	K2	K3	$-v_F$	0	v_F	$-2v_F/3$	$v_F/3$	$v_F/3$
240° - 300°	K1'	K2'	K3	0	$-v_F$	v_F	$-v_F/3$	$-v_F/3$	$2v_F/3$
300° - 360°	K1	K2'	K3	v_F	$-v_F$	0	$v_F/3$	$-2v_F/3$	$v_F/3$

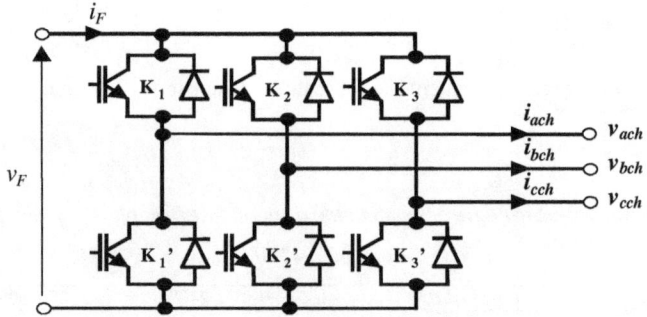

Figure 2. 13 : *Schéma électrique équivalent de l'onduleur*

2.3 COUPLAGES DES DIFFERENTS MODULES DE LA CCEE ET DETERMINATION DES VARIABLES D'ETAT

Nous avons vu précédemment le modèle de chaque élément du dispositif éolien de façon modulaire. Dans cette partie, nous les connectons tout en gardant cette modularité et en respectant l'échange d'énergie entre les éléments adjacents.

Cette notion de modularité s'avère intéressant dans une perspective d'étude systémique du dispositif lui même et de son couplage avec d'autres sources telles l'énergie photovoltaïque ou le diesel. Cette approche est intéressante dans la mesure où la démarche entreprise pourrait être adaptée à d'autres types de modélisation tels que les bonds graphs [DAU_00]. Ce formalisme est intéressant dans un contexte multiphysique car il permet, par analogies énergétiques, d'unifier la représentation des flux de puissances quel que soit le domaine physique (électrique et mécanique dans notre cas) [MIR_05].

Avant d'exprimer le système d'équations différentielles régissant la chaîne de conversion, nous allons établir les relations entre les éléments adjacents en complément des équations exprimées précédemment [SAM_03(2)], [BEN_03].

2. 3. 1 Vent - turbine éolienne - génératrice

En commençant par le vent, aucune autre équation supplémentaire n'est à établir puisque la vitesse du vent est intégrée directement dans l'expression du couple éolien (2.18), (2.19) qui prend en compte aussi la vitesse de rotation. Ensuite, le transfert de l'énergie mécanique à la génératrice est traduit par l'équation du mouvement de l'arbre (2.20). La figure suivante représente le sens de transfert d'énergie entre les blocs vent, turbine éolienne et générateur avec leurs grandeurs caractéristiques :

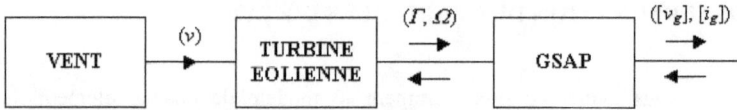

Figure 2. 14 : *Sens de transfert d'énergie entre les blocs vent, turbine éolienne et générateur avec leurs grandeurs caractéristiques*

2. 3. 2 Génératrice - redresseur

La figure 2.15 représente le schéma bloc du transfert d'énergie entre la génératrice et le redresseur avec leurs grandeurs caractéristiques. Il s'agit dans ce paragraphe d'établir le lien entre les grandeurs électriques (tensions et courants) de la génératrice et du redresseur par l'intermédiaire d'un vecteur de commutation que nous constituons à partir du tableau 2.2.

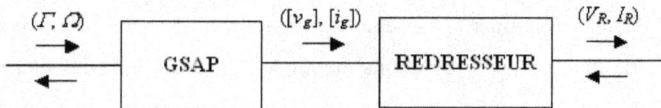

Figure 2. 15 : *Sens de transfert d'énergie entre les blocs générateur et redresseur avec leurs grandeurs caractéristiques*

Pour illustrer ceci, nous allons prendre le cas où D1 et D3' sont passantes (Fig.2.16).

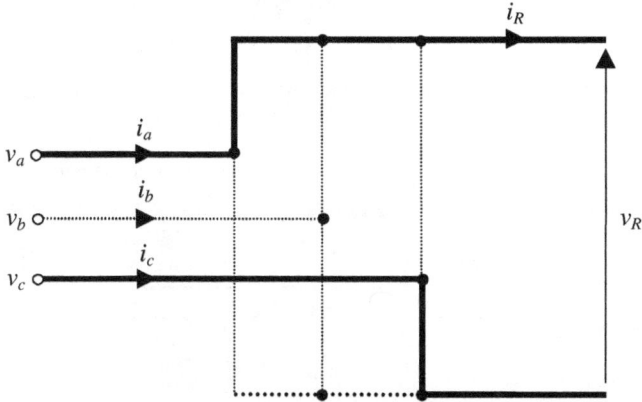

Figure 2. 16 : *Schéma électrique équivalent du redresseur (cas où D1 et D3' passantes)*

➢ Relation entre les tensions :

$$v_R = v_a - v_c$$
$$v_R = 1*v_a + 0*v_b - 1*v_c$$

d'où $v_R = [M_{CR}]^t [v_g]$ (2.38)

➢ Relation entre les courants :

$$i_R = i_a \text{ et } i_R = -i_c$$
$$i_a - i_c = 2*i_R$$
$$i_R = (1/2)*(1*i_a + 0*i_b - 1*i_c)$$

d'où $i_R = \dfrac{1}{2}[M_{CR}]^t [i_g]$ (2.39)

et $[i_g] = [M_{CR}]i_R$ (2.40)

Pour chaque configuration des états des tensions correspond un vecteur (Tableau 2.5). Les coefficients du vecteur de commutation du redresseur sont données dans le tableau suivant :

Tableau 2. 5 : *Coefficients correspondant aux états des tensions de la génératrice et définissant le vecteur de commutation reliant les grandeurs électriques de la génératrice et du redresseur*

V+	V-	α_r	β_r	γ_r
v_a	v_c	1	0	-1
v_b	v_c	0	1	-1
v_b	v_a	-1	1	0
v_c	v_a	-1	0	1
v_c	v_b	0	-1	1
v_a	v_b	1	-1	0

Le vecteur de commutation est alors

$$[M_{CR}] = \begin{bmatrix} \alpha_R \\ \beta_R \\ \gamma_R \end{bmatrix} \tag{2.41}$$

En choisissant le courant redressé comme variable d'état et en partant de l'équation (2.21), nous obtenons l'équation différentielle suivante :

$$[M_{CR}]^t [L_g][M_{CR}]\frac{di_R}{dt} =$$
$$-[M_{CR}]^t \left\{ [R_g] + \Omega \frac{d[L_g]}{d\theta} \right\} [M_{CR}] i_R - [M_{CR}]^t \frac{d[\Phi_A]}{dt} - 2v_R \tag{2.42}$$

en notant que $[M_{CR}]^t[M_{CR}] = 2$

2. 3. 3 Génératrice - redresseur - filtre

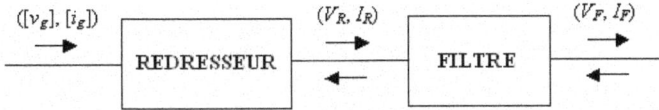

Figure 2. 17 : *Sens de transfert d'énergie entre les blocs redresseur et filtre avec leurs grandeurs caractéristiques*

En remplaçant v_R de l'équation (2.42) par son expression (2.32) avec les grandeurs du filtre, on obtient :

$$\left\{[M_{CR}]^t [L_g][M_{CR}]+2l_F\right\}\frac{di_R}{dt} =$$
$$-[M_{CR}]^t\left\{[R_g]+\Omega\frac{d[L_g]}{d\theta}\right\}[M_{CR}]i_R -[M_{CR}]^t\frac{d[\Phi_A]}{dt}-2v_F \qquad (2.43)$$

2. 3. 4 Filtre - onduleur

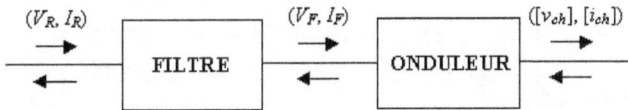

Figure 2. 18 : *Sens de transfert d'énergie entre les blocs filtre et onduleur avec leurs grandeurs caractéristiques*

Comme dans le cas du redresseur, à partir du tableau 2.4, nous construisons des matrices de commutations pour établir les liens entre les courants et les tensions :

➢ Matrice de commutation des courants dans le cas d'une charge résistive :

93

$$[M_{CIO}] = \begin{bmatrix} \alpha_{IO} \\ \beta_{IO} \\ \gamma_{IO} \end{bmatrix} \qquad (2.44)$$

Cette matrice sera notée $[M_{CIOL}]$ dans le cas d'une charge inductive.

> ➤ Matrice de commutation des tensions :

$$[M_{CVO}] = \begin{bmatrix} \alpha_{VO} \\ \beta_{VO} \\ \gamma_{VO} \end{bmatrix} \qquad (2.45)$$

α, β, γ sont des coefficients dépendant des états de conduction des interrupteurs et aussi du type de commande de l'onduleur.

2. 3. 5 Onduleur - charge

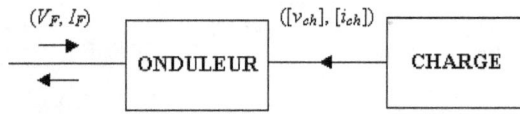

Figure 2. 18 : *Sens de transfert d'énergie entre les blocs onduleur et charge électrique avec leurs grandeurs caractéristiques*

A chaque période de conduction des interrupteurs, une phase de la charge est en série avec deux autres qui sont en parallèle selon la configuration correspondant aux séquences de conduction des interrupteurs. Ces dernières sont résumées dans un tableau propre au type de commande de l'onduleur considéré. Les coefficients des matrices de commutation sont définis à partir de ce tableau.

94

Ainsi, les courants passant par les charges en parallèle (b et c par exemple) sont égaux et valent la moitié de l'opposé du courant passant par la seule phase en série avec les deux en parallèle (a) dans le cas d'une charge résistive équilibrée. Il est donc possible d'obtenir une matrice de commutation de façon à pouvoir considérer le courant du filtre comme variable d'état.

Dans le cas d'une charge inductive, les courants dans les deux phases en parallèle ne sont plus égaux. Dans ce cas, le vecteur de commutation obtenu ne permet plus de prendre le courant du filtre comme variable d'état. On est menée à prendre comme variable d'état les courants de la charge. Ceci augmente le nombre d'équations différentielles régissant la chaîne et aussi le temps de résolution numérique du modèle complet.

Les relations entre le courant du filtre et ceux de la charge dans le cas d'une charge résistive et inductive sont données respectivement par :

$$[i_{ch}] = [M_{CIO}]i_F \tag{2.46}$$

$$i_F = [M_{CIOL}]^{\mathrm{T}}[i_{ch}] \tag{2.47}$$

Le relation entre les tensions pour les deux cas est donnée par :

$$[v_{ch}] = [M_{CVO}]v_F \tag{2.48}$$

Et donc, i_{ch} et v_{ch} doivent être remplacés par des relations dépendant du type de charge considérée.

➤ Cas d'une charge résistive :

Les tensions peuvent être exprimées en fonction des courants par la relation suivante :

$$[v_{ch}] = [R_{ch}][i_{ch}] \tag{2.49}$$

En associant les relations (2.31), (2.46) - (2.49), on obtient :

$$[R_{ch}][M_{CIO}]i_R - [M_{CVO}]v_F = C[R_{ch}][M_{CIO}]\frac{dv_F}{dt} \tag{2.50}$$

➤ Cas d'une charge active :

La charge est constituée d'une résistance R_{ch}, d'une inductance L_{ch} ainsi que d'une force électromotrice e_{ch}. Les tensions peuvent être exprimées en fonction des courants par la relation suivante :

$$[v_{ch}] = [R_{ch}][i_{ch}] + [L_{ch}]\frac{d[i_{ch}]}{dt} + [e_{ch}] \tag{2.51}$$

En associant les relations (2.31) et (2.47), on obtient :

$$C\frac{dv_F}{dt} = i_R - [M_{CIOL}][i_{ch}] \tag{2.52}$$

L'association des équations (2.48) et (2.51) donne l'équation différentielle en courant de la charge suivante :

$$\frac{d}{dt}([i_{ch}]) = -[L_{ch}]^{-1}([R_{ch}][i_{ch}] + [e_{ch}] + [M_{CVO}]v_F) \tag{2.53}$$

96

2. 3. 6. Système d'équations différentielles du dispositif complet

On choisit un certain nombre de grandeurs caractéristiques pour constituer le vecteur d'état de la résolution du système d'équations différentielles.

➤ Cas d'une charge résistive :

Le vecteur d'état est constitué des grandeurs caractéristiques suivantes :

¤ La tension du filtre (v_F)

¤ Le courant redressé (i_R)

¤ La vitesse de rotation (Ω)

¤ La position angulaire du rotor par rapport au stator (θ)

L'équation du mouvement (2.20) fait intervenir le couple électromagnétique. L'expression de ce dernier (2.22) n'est pas en fonction des variables d'état. Il faut donc effectuer une transformation. Ainsi, en associant les relations (2.22) et (2.40), on obtient :

$$\Gamma_{em} = \frac{1}{2}\left\{ [M_{CR}]^t \left(\frac{\partial [L_g]}{\partial \theta} \right) [M_{CR}] i_R^2 + [M_{CR}]^t \frac{\partial [\Phi_A]}{\partial \theta} i_R \right\} \qquad (2.54)$$

Et l'équation du mouvement devient :

$$J\frac{d\Omega}{dt} =$$
$$\Gamma_t - \frac{1}{2}\left\{ [M_{CR}]^t \left(\frac{\partial [L_g]}{\partial \theta} \right) [M_{CR}] i_R^2 + [M_{CR}]^t \frac{\partial [\Phi_A]}{\partial \theta} i_R \right\} - f\Omega \qquad (2.55)$$

97

Ainsi l'équation différentielle régissant la CCEE dans le cas d'une charge résistive est :

$$\begin{cases} \left\{[M_{CR}]^t[L_g][M_{CR}]+2l_F\right\}\dfrac{di_R}{dt} = -[M_{CR}]^t\left\{[R_g]+\Omega\dfrac{d[L_g]}{d\theta}\right\}[M_{CR}]i_R -[M_{CR}]^t\dfrac{d[\Phi_A]}{dt}-2v_F \\[2mm] C[M_{CVO}]^t[R_{ch}][M_{CIO}]\dfrac{dv_F}{dt} = [M_{CVO}]^t[R_{ch}][M_{CIO}]i_R-[M_{CVO}]^t[M_{CVO}]v_F \\[2mm] J\dfrac{d\Omega}{dt} = \Gamma_t -\dfrac{1}{2}\left\{[M_{CR}]^t\left(\dfrac{\partial[L_g]}{\partial\theta}\right)[M_{CR}]i_R^2+[M_{CR}]^t\dfrac{\partial[\Phi_A]}{\partial\theta}i_R\right\}-f\Omega \\[2mm] \dfrac{d\theta}{dt} = \Omega \end{cases} \qquad (2.56)$$

➢ Cas d'une charge active :

Par rapport à la charge résistive, nous rajoutons d'autres variables d'état qui sont les courants de la charge (i_{ch}). Ainsi l'équation différentielle régissant la CCEE dans le cas d'une charge RLE est :

$$\begin{cases} \left\{[M_{CR}]^t[L_g][M_{CR}]+2l_F\right\}\dfrac{di_R}{dt} = -[M_{CR}]^t\left\{[R_g]+\Omega\dfrac{d[L_g]}{d\theta}\right\}[M_{CR}]i_R -[M_{CR}]^t\dfrac{d[\Phi_A]}{dt}-2v_F \\[2mm] \dfrac{d}{dt}([i_{ch}])=-[L_{ch}]^{-1}([R_{ch}][i_{ch}]+[e_{ch}]+[M_{CVO}]v_F) \\[2mm] C\dfrac{dv_F}{dt} = i_R-[M_{CIOL}][i_{ch}] \\[2mm] J\dfrac{d\Omega}{dt} = \Gamma_t -\dfrac{1}{2}\left\{[M_{CR}]^t\left(\dfrac{\partial[L_g]}{\partial\theta}\right)[M_{CR}]i_R^2+[M_{CR}]^t\dfrac{\partial[\Phi_A]}{\partial\theta}i_R\right\}-f\Omega \\[2mm] \dfrac{d\theta}{dt}=\Omega \end{cases} \qquad (2.57)$$

2. 3. 7. Modèle complet de la CCEE avec prise en compte de la saturation de la GSAP

Les modèles de la GSAP donnés précédemment sont régis par des équations différentielles linéaires. Cependant, pour tout système électromagnétique, la saturation est un phénomène qui doit être pris en considération.

La majorité des modèles proposés dans la littérature sont des interpolations basées sur des mesures expérimentales de la caractéristique de saturation de la GSAP [BRO_97][COR_98][SRI_00]. Les travaux de ces auteurs montrent que la saturation magnétique peuvent être prise en compte par le biais de l'expression des flux d'axe direct et/ou quadrature en fonction de leur courant respectif. Ainsi, il faut trouver une expression analytique de l'un des flux ou des deux en même temps, capable de reproduire les caractéristiques du phénomène de saturation.

Dans le cadre de cet article, notre objectif est d'observer le comportement de la chaîne en tenant compte la saturation. Ainsi, nous ne cherchons pas à mettre en oeuvre un modèle de précision de la saturation. Cependant, la fonction que nous proposons reproduit bien les principales caractéristiques de ce phénomène. Sur la figure 2.19 nous représentons les variations du flux de la GSAP en fonction du courant dans les deux cas : avec et sans saturation, dans les repères de Park. On peut distinguer sur cette figure trois zones :

Zone A = P_0 à P_1

Zone B = P_1 à P_2

Zone C = à partir de P_2

Avec $P_0(0, 0)$, $P_1(i_{d1}, \Phi_{d1})$, $P_2 (i_{d2}, \Phi_{d2})$.

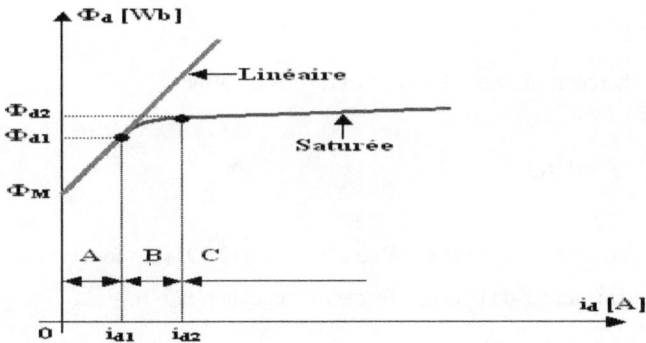

Figure 2.19 : *Variation du flux de la GSAP en fonction du courant dans les deux cas : avec et sans saturation*

Les parties A et C correspondent respectivement à la zone non saturée et à la zone saturée de la GSAP. Les deux pentes sont reliées l'une par rapport à l'autre par le coude de saturation constituant la zone B.

En s'inspirant de cette caractéristique et en considérant la saturation dans l'axe direct, nous exprimons le flux en fonction du courant avec une fonction du type « tangente hyperbolique ». L'équation (2.27) devient donc :

$$\phi_d = K_d \tanh(A_d L_d i_d) + \phi_M \tag{2.58}$$

K_d et A_d sont des coefficients qui permettent d'ajuster la courbe de saturation.

Le système d'équation (2.29) devient :

$$
\begin{cases}
v_d = -(R_s i_d + K_d A_d L_d \dfrac{di_d}{dt}(1 - \tanh^2(A_d L_d i_d)) - \omega L_q i_q) \\[2mm]
v_q = -(R_s i_q + L_q \dfrac{di_q}{dt} + \omega K_d \tanh(A_d L_d i_d) + \omega \phi_M) \\[2mm]
v_0 = -(R_0 i_0 + L_0 \dfrac{di_0}{dt})
\end{cases} \tag{2.59}
$$

Nous cherchons à mettre les équations sous la forme :

$$M(t, y)y' = f(t, y) \tag{2.60}$$

Nous allons donc écrire le système d'équation (2.59) sous forme matricielle et en même temps de la même forme de l'équation (2.60).

Par ailleurs, pour permettre de faire le liens entre la GSAP et le redresseur, nous ferons apparaître les vecteurs tension et courant dans le repère de Park. Pour cela, nous nous servirons des équations (2.38) et (2.40)

L'équation (2.23) nous permet d'écrire :

$$[v_{dqo}] = [P][v_g] \tag{2.61}$$

$$[i_{dqo}] = [P][i_g] \tag{2.62}$$

avec $[v_{dqo}] = \begin{bmatrix} v_d \\ v_q \\ v_o \end{bmatrix}$ et $[i_{dqo}] = \begin{bmatrix} i_d \\ i_q \\ i_o \end{bmatrix}$

Les associations respectives de (2.38) et (2.61) ainsi que (2.40) et (2.62) conduit aux expressions suivantes :

$$v_R = [M_{CR}]^T [P]^{-1} [v_{dqo}] \tag{2.63}$$

$$i_{dqo} = [P][M_{CR}][i_R] \tag{2.64}$$

En écrivant sous forme matricielle le système d'équations différentielles (8), on obtient :

$$\begin{bmatrix} v_d \\ v_q \\ v_o \end{bmatrix} = -\left\{ \begin{bmatrix} R_s & -\omega L_q & 0 \\ 0 & R_s & 0 \\ 0 & 0 & R_0 \end{bmatrix}\begin{bmatrix} i_d \\ i_q \\ i_o \end{bmatrix} + \omega K_d \tanh\left(\begin{bmatrix} 0 & 0 & 0 \\ A_d L_d & 0 & 0 \\ 0 & 0 & 0 \end{bmatrix}\begin{bmatrix} i_d \\ i_q \\ i_o \end{bmatrix}\right) + \begin{bmatrix} 0 \\ \omega \phi_M \\ 0 \end{bmatrix} \right. \\ \left. + \left(\begin{bmatrix} 1 & 0 & 0 \\ 0 & 1 & 0 \\ 0 & 0 & 1 \end{bmatrix} - \tanh^2\left(\begin{bmatrix} A_d L_d & 0 & 0 \\ 0 & 0 & 0 \\ 0 & 0 & 0 \end{bmatrix}\begin{bmatrix} i_d \\ i_q \\ i_o \end{bmatrix}\right)\right)\begin{bmatrix} K_d A_d L_d & 0 & 0 \\ 0 & L_q & 0 \\ 0 & 0 & L_0 \end{bmatrix}\frac{d}{dt}\begin{bmatrix} i_d \\ i_q \\ i_o \end{bmatrix} \right\} \tag{2.65}$$

Notons :

$$[R_{dqo}] = \begin{bmatrix} R_s & -\omega L_q & 0 \\ 0 & R_s & 0 \\ 0 & 0 & R_0 \end{bmatrix} \; ; \; [R_{dqo}] = \begin{bmatrix} R_s & -\omega L_q & 0 \\ 0 & R_s & 0 \\ 0 & 0 & R_0 \end{bmatrix} \; ; \; [e_{dqo}] = \begin{bmatrix} 0 \\ \omega\phi_M \\ 0 \end{bmatrix}$$

$$[L_{d1}] = \begin{bmatrix} 0 & 0 & 0 \\ A_d L_d & 0 & 0 \\ 0 & 0 & 0 \end{bmatrix} \; ; \; [L_{d2}] = \begin{bmatrix} A_d L_d & 0 & 0 \\ 0 & 0 & 0 \\ 0 & 0 & 0 \end{bmatrix} \; ; \; [I_3] = \begin{bmatrix} 1 & 0 & 0 \\ 0 & 1 & 0 \\ 0 & 0 & 1 \end{bmatrix}$$

L'équation (2.65) devient :

$$[v_{dqo}] = -\left\{ \begin{array}{l} [R_{dqo}][i_{dqo}] + \omega K_d \tanh\!\big([L_{d1}][i_{dqo}]\big) + [e_{dqo}] \\ + \big([I_3] - \tanh^2\!\big([L_{d2}][i_{dqo}]\big)\big)[L_{dqo}]\dfrac{d}{dt}\big([i_{dqo}]\big) \end{array} \right\} \tag{2.66}$$

L'association des relations (2.63), (2.64) et (2.66) conduit à l'expression suivante :

$$v_R = -\left\{ \begin{array}{l} [M_{CR}]^T[P]^{-1}[R_{dqo}][P][M_{CR}]i_R + \omega K_d[M_{CR}]^T[P]^{-1}\tanh\!\big([L_{d1}][P][M_{CR}]i_R\big) \\ + \omega[M_{CR}]^T[P]^{-1}\big([I_3] - \tanh^2\!\big([L_{d2}][P][M_{CR}]i_R\big)\big)[L_{dqo}]\dfrac{d}{d\theta}([P])[M_{CR}]i_R \\ + [M_{CR}]^T[P]^{-1}\big([I_3] - \tanh^2\!\big([L_{d2}][P][M_{CR}]i_R\big)\big)[L_{dqo}][P][M_{CR}]\dfrac{di_R}{dt} \\ + [M_{CR}]^T[P]^{-1}[e_{dqo}] \end{array} \right\} \tag{2.67}$$

En notant :

$$N(t,i_R) = [M_{CR}]^T[P]^{-1}\big([I_3] - \tanh^2\!\big([L_{d2}][P][M_{CR}]i_R\big)\big)[L_{dqo}][P][M_{CR}]$$

l'équation (2.67) peut s'écrire sous la forme de l'équation (2.60) :

$$N(t,i_R)\frac{di_R}{dt}=-\left\{\begin{array}{l}[M_{CR}]^T[P]^{-1}[R_{dqo}][P][M_{CR}]i_R+\omega K_d[M_{CR}]^T[P]^{-1}\tanh([L_{d1}][P][M_{CR}]i_R)\\+\omega[M_{CR}]^T[P]^{-1}(I_3]-\tanh^2([L_{d2}][P][M_{CR}]i_R))[L_{dqo}]\frac{d}{d\theta}([P])[M_{CR}]i_R\\+[M_{CR}]^T[P]^{-1}[e_{dqo}]+v_R\end{array}\right\} \quad (2.68)$$

En substituant dans (2.68) l'équation du filtre (2.32), on obtient :

$$(N(t,i_R)+l_F)\frac{di_R}{dt}=-\left\{\begin{array}{l}[M_{CR}]^T[P]^{-1}[R_{dqo}][P][M_{CR}]i_R+\omega K_d[M_{CR}]^T[P]^{-1}\tanh([L_{d1}][P][M_{CR}]i_R)\\+\omega[M_{CR}]^T[P]^{-1}(I_3]-\tanh^2([L_{d2}][P][M_{CR}]i_R))[L_{dqo}]\frac{d}{d\theta}([P])[M_{CR}]i_R\\+[M_{CR}]^T[P]^{-1}[e_{dqo}]+v_F\end{array}\right\} \quad (2.69)$$

Le couple électromagnétique dans le repère de Park sans saturation de la GSAP est donné par la relation suivante :

$$\Gamma_{em}=\frac{3}{2}p(\phi_d i_q-\phi_q i_d) \quad (2.70)$$

L'association des équations (2.28), (2.58) et (2.70) donne l'expression du couple avec saturation :

$$\Gamma_{em}=\frac{3}{2}p((K_d\tanh(A_d L_d i_d)+\phi_M)i_q-L_q i_q i_d) \quad (2.71)$$

Nous cherchons à exprimer cette expression du couple en fonction des variables d'état :

$$\Gamma_{em}=\frac{3}{2}p([\phi_{dqs}]^T[P][M_{CR}]i_R) \quad (2.72)$$

avec $[\phi_{dqs}] = \begin{bmatrix} [L_{q1}]^T[P][M_{CR}]i_R \\ K_d\tanh([L_{d3}]^T[P][M_{CR}]i_R) + \phi_M \\ 0 \end{bmatrix}$; $[L_{q1}] = \begin{bmatrix} 0 \\ -L_q \\ 0 \end{bmatrix}$ et $[L_{d3}] = \begin{bmatrix} A_dL_d \\ 0 \\ 0 \end{bmatrix}$

D'où l'équation du mouvement est donnée par :

$$\frac{d\Omega}{dt} = \frac{1}{J}\left(\Gamma_{eol} - \frac{3}{2}p\left[\phi_{dqs}\right]^T[P][M_{CR}]i_R\right) - f\Omega) \qquad (2.73)$$

Dans le cas d'une charge résistive, le système d'équations différentielles régissant la CCEE avec prise en compte de la saturation magnétique de la GSAP est :

$$\begin{cases} C\,[M_{CVO}]^t[R_{ch}][M_{CIO}]\dfrac{dv_F}{dt} = [M_{CVO}]^t[R_{ch}][M_{CIO}]i_R - [M_{CVO}]^t[M_{CVO}]v_F \\[2mm] (N(t,i_R)+l_F)\dfrac{di_R}{dt} = -\begin{cases} [M_{CR}]^T[P]^{-1}[R_{dqo}][P][M_{CR}]i_R + \omega K_d[M_{CR}]^T[P]^{-1}\tanh([L_{d1}][P][M_{CR}]i_R) \\ + \omega[M_{CR}]^T[P]^{-1}([I_3] - \tanh^2([L_{d2}][P][M_{CR}]i_R))[L_{dqo}]\dfrac{d}{d\theta}([P])[M_{CR}]i_R \\ + [M_{CR}]^T[P]^{-1}[e_{dqo}] + v_F \end{cases} \\[2mm] \dfrac{d\Omega}{dt} = \dfrac{1}{J}(\Gamma_{eol} - \dfrac{3}{2}p[\phi_{dqs}]^T[P][M_{CR}]i_R) - f\Omega) \\[2mm] \dfrac{d\theta}{dt} = \Omega \end{cases} \qquad (2.74)$$

Dans le cas d'une charge inductive, on a :

$$\begin{cases} C\dfrac{dv_F}{dt} = i_R - [M_{CIOL}][i_{ch}] \\[2mm] \dfrac{d}{dt}([i_{ch}]) = -[L_{ch}]^{-1}([R_{ch}][i_{ch}] + [e_{ch}] + [M_{CVO}]v_F) \\[2mm] (N(t,i_R)+l_F)\dfrac{di_R}{dt} = -\begin{cases} [M_{CR}]^T[P]^{-1}[R_{dqo}][P][M_{CR}]i_R + \omega K_d[M_{CR}]^T[P]^{-1}\tanh([L_{d1}][P][M_{CR}]i_R) \\ + \omega[M_{CR}]^T[P]^{-1}([I_3] - \tanh^2([L_{d2}][P][M_{CR}]i_R))[L_{dqo}]\dfrac{d}{d\theta}([P])[M_{CR}]i_R \\ + [M_{CR}]^T[P]^{-1}[e_{dqo}] + v_F \end{cases} \\[2mm] \dfrac{d\Omega}{dt} = \dfrac{1}{J}(\Gamma_{eol} - \dfrac{3}{2}p[\phi_{dqs}]^T[P][M_{CR}]i_R) - f\Omega) \\[2mm] \dfrac{d\theta}{dt} = \Omega \end{cases} \qquad (2.75)$$

2.4 CONCLUSION

Dans ce chapitre, nous avons développé le modèle de chaque élément constituant la chaîne de conversion d'énergie éolienne. Les modèles sont ensuite connectés en respectant les interactions entre les composants adjacents pour constituer le modèle complet de la chaîne de conversion. L'établissement du modèle complet du dispositif conduit à un système d'équations différentielles régissant l'aérogénérateur.

Le système d'équations différentielles régissant la CCEE ainsi que les variables d'état du système varient selon le type de charge.

Des chaînes de conversion à base d'une GSAP en prenant en compte la saturation magnétique de la machine sont proposées.

CHAPITRE III

Etudes des interactions entre la vitesse du vent et la charge du site : exploitation des résultats de simulation

3.1 INTRODUCTION

Le modèle complet a été implémenté dans l'environnement Matlab afin d'effectuer des simulations. Les résultats obtenus ont permis d'analyser les différentes grandeurs caractéristiques des différents éléments constituants le système de conversion face aux interactions entre la vitesse du vent et la charge électrique. Ainsi, dans une première partie, nous analysons le comportement des grandeurs de chaque élément de la chaîne face aux interactions la vitesse du vent et la charge électrique telles que le couple éolien, le couple électromagnétique de la GSAP, la vitesse de rotation sur l'arbre de la GSAP, les courants et tensions des phases du stator de la GSAP, la puissance active de la GSAP, le courant et tension redressés, le courant et tension du filtre, ainsi que les courants et tensions à la sortie de l'onduleur (courants et tensions de la charge électrique). Dans la deuxième partie, nous étudierons le comportement de la chaîne pour deux types de charges, résistive et inductive. Puis, dans la deuxième partie, on comparera deux chaînes de conversion.

106

Ces dernières sont respectivement à base d'une GSAP à FEM sinusoïdale et à FEM trapézoïdale.

3.2 INTERACTIONS ENTRE VITESSE DU VENT ET CHARGE RESISTIVE

Dans le cadre de l'analyse du comportement de la chaîne face aux interactions entre la vitesse du vent et de la charge électrique, on considère une charge résistive.

Les grandeurs caractéristiques de la chaîne sont tracées (Fig. 3.4 – Fig. 3.15) tout en respectant le profil de la vitesse du vent aléatoire (Fig.3.1) et la variation de la charge électrique constituée d'échelons de résistance (Fig.3.2).

En traçant les caractéristiques du couple éolien et/ou du couple électromagnétique en fonction de la vitesse de rotation ou bien le courant redressé en fonction de la tension redressée, on observe plusieurs zones de fonctionnement de la génératrice. La figure 3.3 illustre la variation des deux couples en fonction de la vitesse de rotation. Dans le cas où la machine fonctionne avec une vitesse du vent et une charge constants, on obtiendrait des points de fonctionnement mais dû au fait d'avoir des grandeurs d'entrées aléatoires et fluctuantes et aussi connecter la machine à un redresseur, nous obtenons des zones. Ces zones sont principalement caractérisées par les oscillations des formes d'ondes dues au redressement et aux fluctuations des grandeurs d'entrée. Il s'agit ici de la vitesse du vent car pour l'instant nous ne considérons qu'une charge variable mais pas fluctuante. L'emplacement des zones est défini par la moyenne de la vitesse du vent et les échelons de la charge [SAM_03(1) et (2)].

107

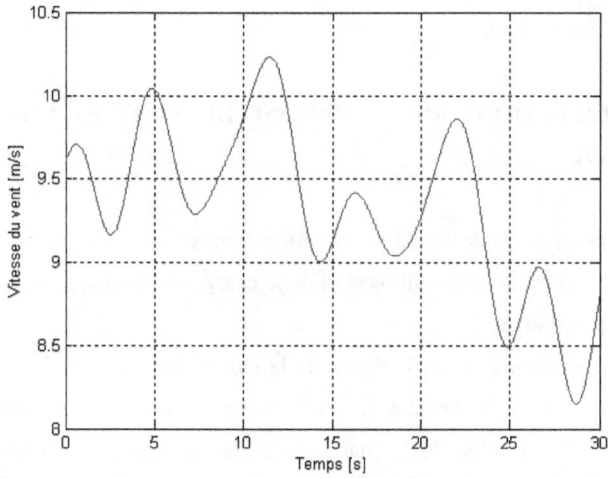

Figure 3. 1 : *Variation temporelle de la vitesse du vent*

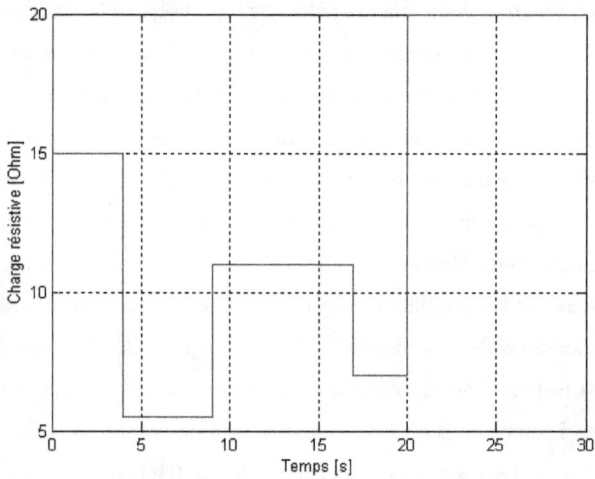

Figure 3. 2 : *Variation temporelle de la charge résistive*

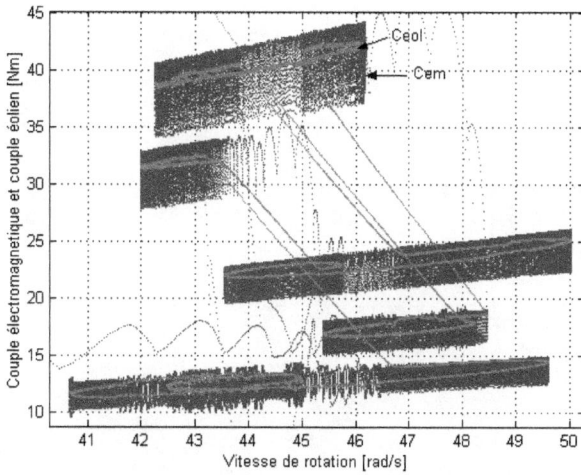

Figure 3. 3 : *Couple électromagnétique et couple éolien en fonction de la vitesse de rotation*

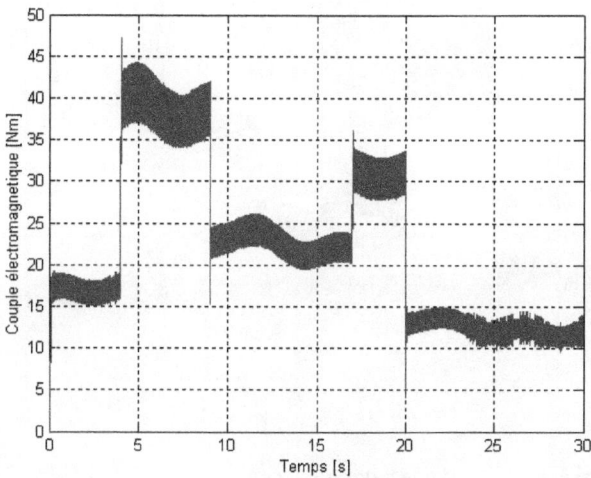

Figure 3. 4 : *Variation du couple électromagnétique en fonction du temps*

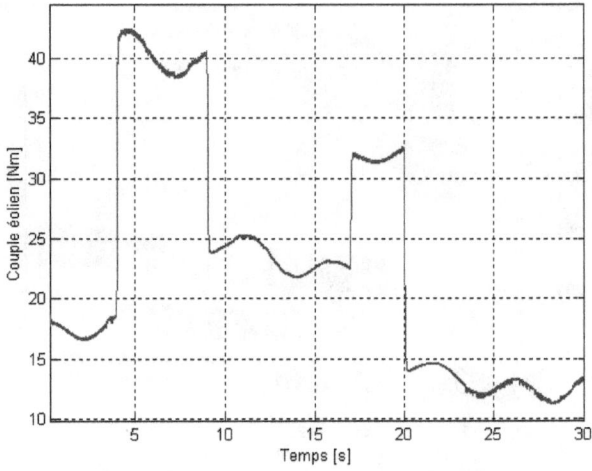

Figure 3. 5 : *Variation du couple éolien en fonction du temps*

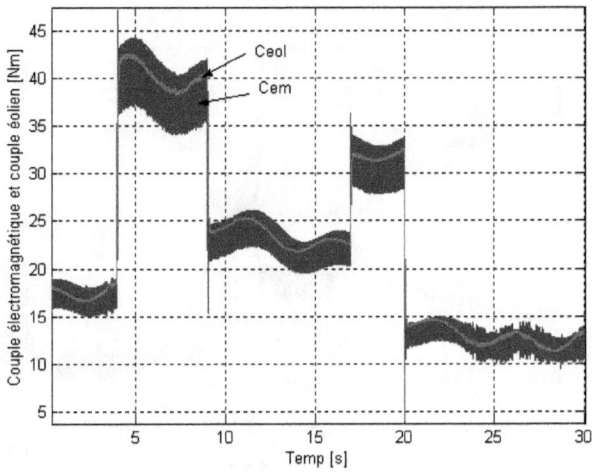

Figure 3. 6 : *Variation temporelle du couple électromagnétique et du couple éolien*

110

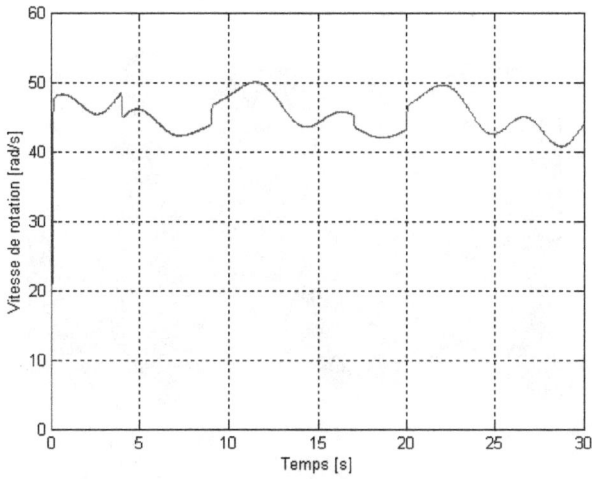

Figure 3. 7 : *Variation de la vitesse de rotation en fonction du temps*

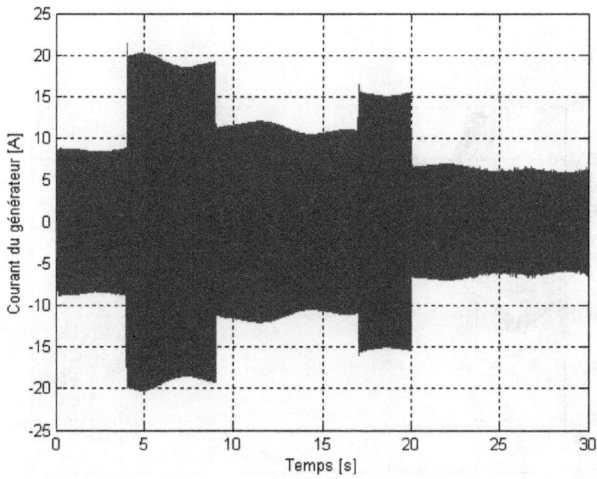

Figure 3. 8 : *Variation du courant de la phase "a" du générateur en fonction du temps*

111

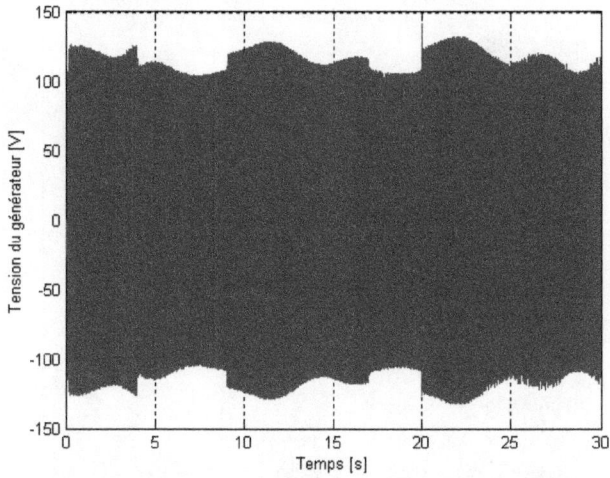

Figure 3. 9 : *Variation de la tension de la phase "a" du générateur en fonction du temps*

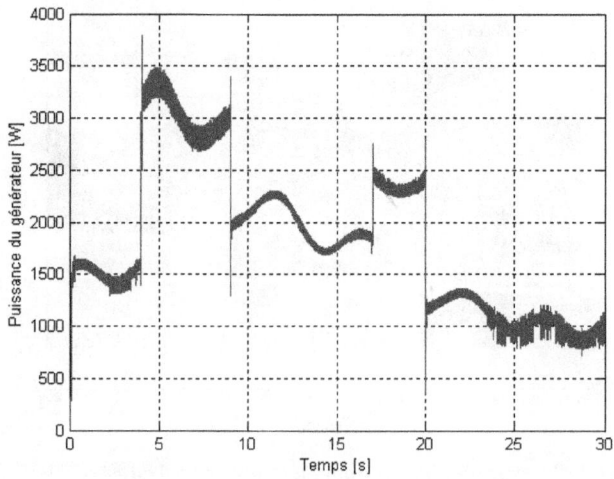

Figure 3. 10 : *Variation de la puissance active du générateur en fonction du temps*

112

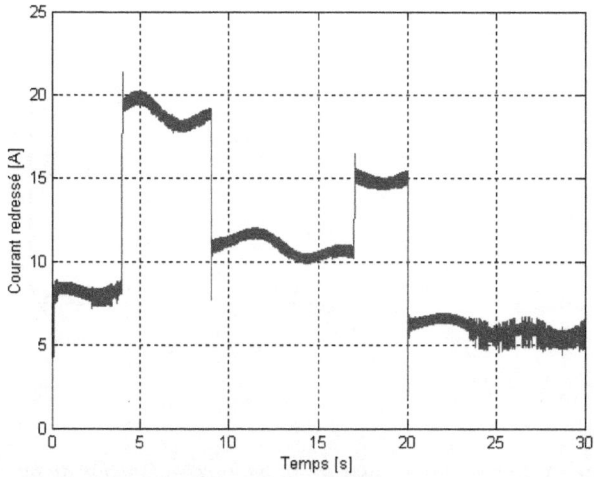

Figure 3. 11 : *Variation du courant redressé en fonction du temps*

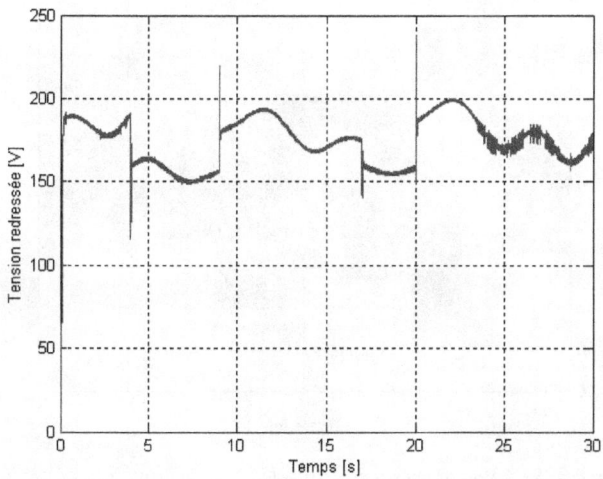

Figure 3. 12 : *Variation de la tension redressée en fonction du temps*

113

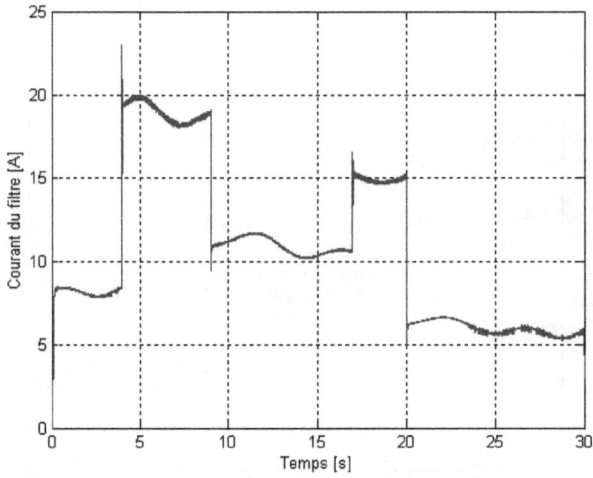

Figure 3. 13 : *Variation du courant du filtre en fonction du temps*

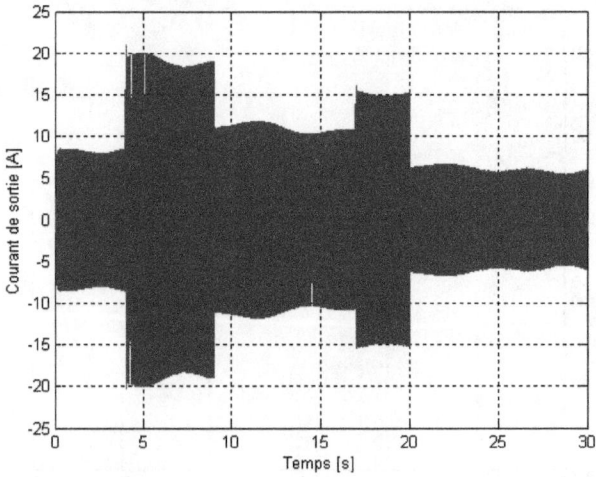

Figure 3. 14 : *Variation du courant de sortie en fonction du temps*

114

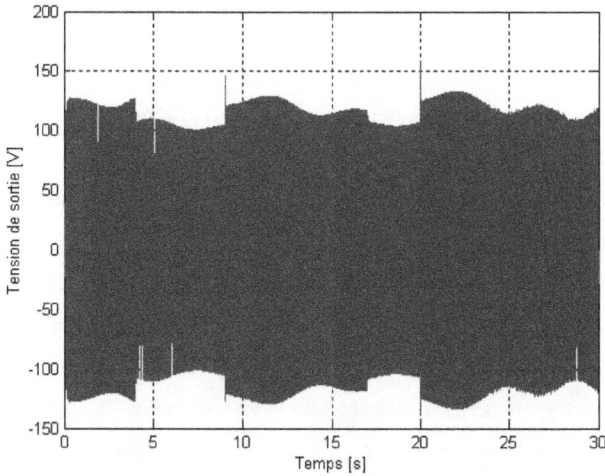

Figure 3. 15 : *Variation de la tension de sortie en fonction du temps*

Le couple électromagnétique et le couple éolien réagissent d'une façon significative aux changements de la vitesse du vent et de la charge, et varient autour d'une valeur moyenne pour chaque zone de fonctionnement. Cependant, autour de cette valeur moyenne, la variation du couple électromagnétique est assez importante par rapport à celle du couple éolien (Fig. 3.6). Nous constatons en observant la figure 3.6 que la variation du couple éolien autour de la valeur moyenne et pour chaque zone, ne représente que moins de 10% en moyenne de celle du couple électromagnétique. Par ailleurs, plus la charge est importante (résistance petite) plus la bande de variation autour de la valeur moyenne est large. Par contre, la bande de variation du couple éolien est beaucoup plus lisse par rapport à celle du couple électromagnétique.

Les calottes observées sur la forme d'onde du couple éolien et du couple électromagnétique sont dues certainement à la connexion de la machine au redresseur.

115

Les différences entre les deux couples pourraient être justifiées par le fait que le couple éolien est lissé par l'inertie de la masse de l'ensemble turbine-arbre-rotor par contre la bande du couple électromagnétique reste assez importante car les grandeurs internes de la machine ne suffisent pas pour lisser au mieux la forme d'onde de ce couple.

Comme dans le cas des couples, la vitesse de rotation varie remarquablement face à la variation de la vitesse du vent. Par contre, elle ne réagit pas d'une manière importante face à la variation de la charge. En outre, certes, on observe des oscillations sur sa forme d'ondes mais celles-ci sont relativement petites qu'on peut les négliger.

Le comportement du couple et de la vitesse reflète le comportement du courant et de la tension redressés. Ceci n'est pas étonnant du fait que le couple est l'image du courant et que la vitesse est l'image de la tension.

Ainsi, on observe que le courant varie fortement suite à une variation de la vitesse du vent et de la charge par contre la tension réagit significativement par rapport à la variation de la vitesse du vent mais avec un changement au niveau de la charge, la variation est moindre par rapport à celle observée sur le courant. Avec une valeur assez faible de l'inductance de lissage et du condensateur de filtrage, on constate le même comportement des bandes autour d'une valeur moyenne comme dans le cas du couple et de la vitesse. En effet la bande du courant est assez importante par rapport à celle de la tension.

Le courant et la tension de la machine ainsi que le courant et la tension de sortie ont été regroupés puisqu'elles diffèrent de la tension et du courant redressés par leur nature même. La tension et le courant redressés sont des grandeurs continues alors que les autres sont de natures alternatives. Ainsi, la variation de la vitesse du vent est présente dans les deux alternances de la forme d'onde et se présente sous forme d'enveloppe limitant l'amplitude des signaux.

Le passage d'un échelon à un autre de la charge est traduit par un saut assez brusque qu'on peut discerner facilement au niveau de la représentation temporelle des signaux. Comme la tension et le courant redressés, tous les courants subissent une variation importante face aux variations de la vitesse du vent et de la charge, par contre les tensions qui réagissent considérablement face à la variation de la vitesse du vent, changent de façon moins importante par rapport au changement observé au niveau des courants.

Le tracé du courant de la génératrice en fonction de sa tension forme trois principales parties correspondant aux deux alternances des signaux et au passage par zéro du courant dû au fonctionnement du redresseur (Fig.3.16). Les zones se situant dans les quadrants I et III correspondent aux différentes zones de fonctionnement dues aux variations de la vitesse du vent et de la charge.

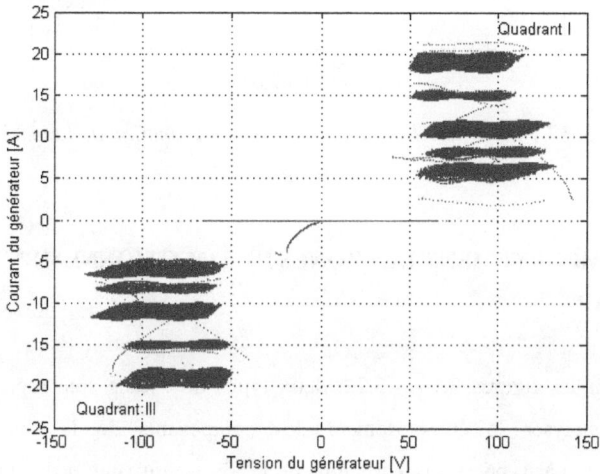

Figure 3. 16 : *Variation du courant de la phase "a" de la génératrice en fonction de la tension de la même phase*

117

La charge utilisée est résistive. La relation entre la tension et le courant de sotie se fait par une multiplication par une constante tout simplement. Par conséquent, la caractéristique du courant de sortie en fonction de la tension de sortie donne des droites correspondant à chaque zone de fonctionnement (Fig.3.17).

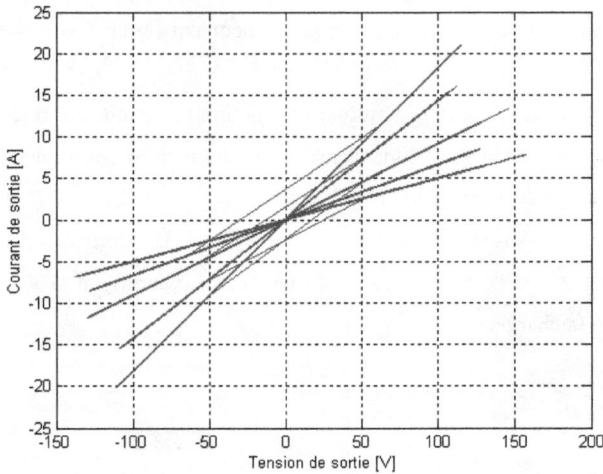

Figure 3. 17 : *Variation du courant de sortie en fonction de la tension de sortie*

3. 3 COMPORTEMENT DES ZONES DE FONCTIONNEMENT DE LA GSAP

Sur les figures 3.18 – 3.22, deux types de couple sont représentés afin d'analyser le comportement des composants de la chaîne de conversion par rapport aux variations de la vitesse du vent et de la charge électrique. Il s'agit du couple éolienne (Γ_w) qui varie en fonction de la vitesse du vent et du couple de charge (Γ_{el}) qui change selon la charge électrique.

118

Dans le cadre de la discussion, le couple de charge est considéré linéaire. Ce couple est dénommé : "droite de charge" et sa pente sera notée α_{ch}.

Dans les figures 3.18 et 3.19, on considère des couples d'entraînement constants pour mettre en évidence le comportement des points de fonctionnement de la génératrice par rapport à l'entraînement par une turbine éolienne (Fig.3.20 – Fig.3.22). Il faut noter que ce dernier se présente sous forme d'un polynôme que ce soit dans le cas d'une approximation polynomiale du coefficient de couple, que dans la méthode des éléments de pales (Fig.3.23). La zone de fonctionnement du couple éolien se trouve dans la partie droite, de pente négative, de sa caractéristique. Au delà de sa valeur maximale, en balayant le tracé de la droite vers la gauche, on se trouve dans la zone de décrochage de la turbine éolienne.

Dans bon nombre d'applications industrielles, l'entraînement à couple constant, à vitesse constante ou bien à vitesse variable sont les plus familiers. Ce qui n'est pas le cas d'une éolienne dont le vent et la charge sont variables voire aléatoires.

Dans le cas d'un entraînement à couple constant, les points de fonctionnement de la génératrice se trouvent sur la droite horizontale caractérisant le couple d'entraînement (Fig.3.18). En faisant varier le couple d'entraînement et pour une charge donnée (Fig.3.19), les variations de couple $\Delta\Gamma$ et de vitesse $\Delta\Omega$ sont égales si la pente de la droite de charge vaut l'unité. Si la pente est supérieure à un, la variation de couple est supérieure à celle de vitesse et inversement dans le cas contraire.

Si $\quad \alpha_{ch} = 1 \qquad : \qquad \Delta\Gamma = \Delta\Omega$

Si $\quad \alpha_{ch} > 1 \qquad : \qquad \Delta\Gamma > \Delta\Omega$

Si $\quad \alpha_{ch} < 1 \qquad : \qquad \Delta\Gamma < \Delta\Omega$

Nous avons mentionné précédemment que le couple éolien se présente sous forme d'un polynôme. La pente de la zone de fonctionnement de la turbine est négative.

Les points de fonctionnement se baladent le long de cette zone pour un couple correspondant à une vitesse moyenne du vent constant et plusieurs charges (Fig.3.20). Les variations de couple et de vitesse dépendent de la pente de la zone de fonctionnement. Dans le cas général, cette pente a une valeur absolue supérieure à un donc la variation de couple est plus grande que celle de vitesse (Fig.3.21). Dans le cas d'une variation de la moyenne de la vitesse du vent et pour une charge donnée, les variations dépendent surtout de la pente de la droite de charge comme dans le cas de l'entraînement à couple constant [SAM_05(2)].

Par ailleurs, comme la vitesse du vent est fluctuante autour d'une valeur moyenne, les points de fonctionnement deviennent cette fois ci des zones dont leurs tailles sont déterminées par les fluctuations de la vitesse du vent et leurs emplacements sont fixés par la charge électrique.

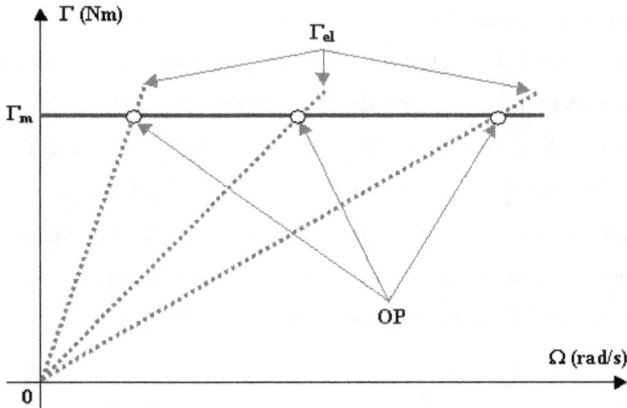

Figure 3. 18 : *Variations du couple d'entraînement constant (Γ_m) et du couple de charge linéaire (Γ_{el}) en fonction de la vitesse de rotation*

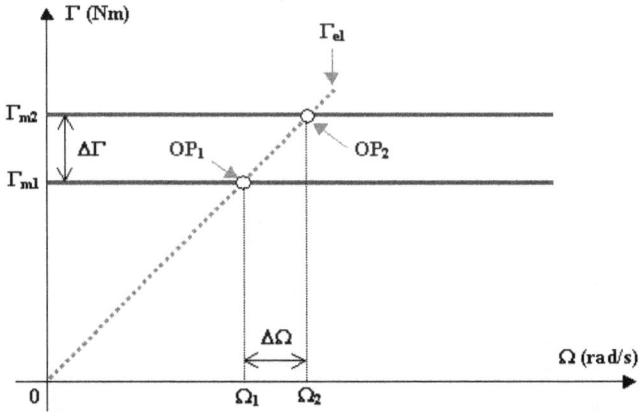

Figure 3. 19 : *Variations du couple d'entraînement constant (Γ_{m1}, Γ_{m2}) et du couple de charge linéaire (Γ_{el}) en fonction de la vitesse de rotation*

$$\Delta\Omega = |\Omega_2 - \Omega_1|$$

$$\Delta\Gamma = |\Gamma_{m2} - \Gamma_{m1}|$$

$$OP_1 = (\Omega_1, \Gamma_{m1})$$

$$OP_2 = (\Omega_2, \Gamma_{m2})$$

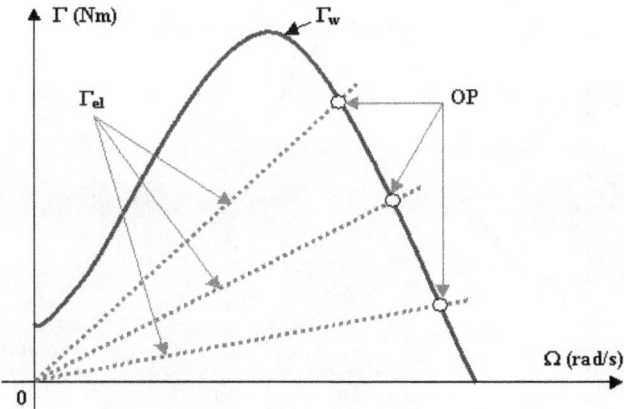

Figure 3. 20 : *Variation du couple éolien (Γ_w) et du couple de charge linéaire (Γ_{el}) en fonction de la vitesse de rotation*

121

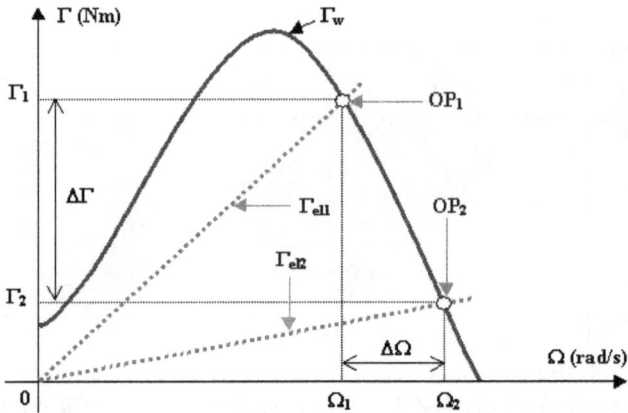

Figure 3. 21 : *Variation du couple éolien (Γ_w) et du couple de charge linéaire (Γ_{el1}, Γ_{el2}) en fonction de la vitesse de rotation*

$$\Delta\Gamma = |\Gamma_2 - \Gamma_1|$$

$$OP_1 = (\Omega_1, \Gamma_1)$$

$$OP_2 = (\Omega_2, \Gamma_2)$$

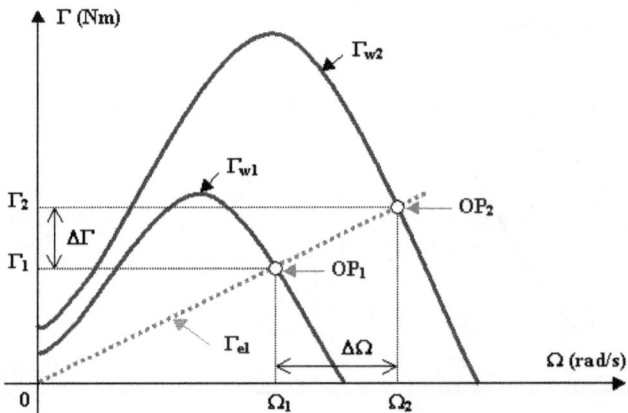

Figure 3. 22 : *Variation du couple éolien (Γ_{w1}, Γ_{w2}) et du couple de charge linéaire (Γ_{el}) en fonction de la vitesse de rotation*

122

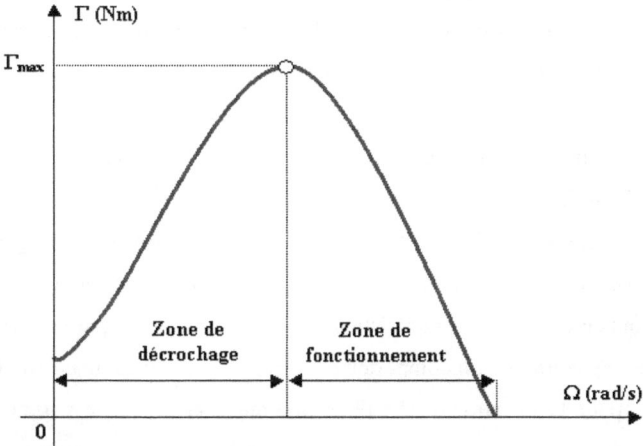

Figure 3. 23 : *Courbe caractéristique d'un couple éolien en fonction de la vitesse de rotation sur l'arbre de la génératrice représentant ses zones de fonctionnement et de décrochage*

3.4 INTERACTIONS ENTRE VITESSE DU VENT ET CHARGE INDUCTIVE

Dans cette partie, la chaîne de conversion est soumise aux variations de la vitesse du vent et d'une charge électrique de nature inductive. Pour cela, les résultats seront comparés avec ceux obtenus dans le cas d'une charge résistive. Les analyses portent sur les mêmes grandeurs que dans le cas d'une charge résistive étudiée précédemment. Ainsi, en représentant le couple électromagnétique et le couple éolien en fonction de la vitesse de rotation (Fig.3.29, Fig.3.30), le courant redressé en fonction de la tension redressée (Fig.3.31), le courant de la GSAP en fonction de la tension de la GSAP de même phase (Fig.3.32), le courant de sortie en fonction de la tension de sortie (Fig.3.33), on observe toujours des zones de fonctionnement.

123

Cependant, du fait que le dispositif alimente une charge inductive, l'inductance de charge lisse remarquablement les courants. Ce qui fait que plus la valeur de l'inductance est élevée, plus les zones de fonctionnement sont moins importantes.

Par ailleurs, en observant les variations temporelles des grandeurs (Fig.3.24 – Fig.3.28), on s'aperçoit qu'elles baissent en amplitude à part la tension redressée (Fig.3.28) et la vitesse de rotation (Fig.3.26). L'augmentation de la vitesse de rotation est due au changement de zone de fonctionnement lié à la caractéristique du coefficient de couple exposé dans le paragraphe traitant du comportement des zones de fonctionnement. C'est à dire, pour la même caractéristique de couple et pour une variation du couple de charge, la pente de la zone de fonctionnement du couple éolien fait que l'augmentation de ce couple entraîne la diminution de la vitesse de rotation.

Les figures représentent respectivement les variations du courant redressé en fonction de la tension redressée (Fig.3.31) et du courant de sortie en fonction de la tension de sortie (Fig.3.33). On remarque sur ces figures que les allures des grandeurs dans le cas d'une charge inductive n'est plus une droite mais se présente sous forme d'ovale entourant la droite dans le cas d'une charge résistive. Ceci est dû au fait que l'inductance entraîne un déphasage entre le courant et la tension. Il faut noter que la forme de l'ovale n'est pas parfaite à cause de la variation de la vitesse du vent.

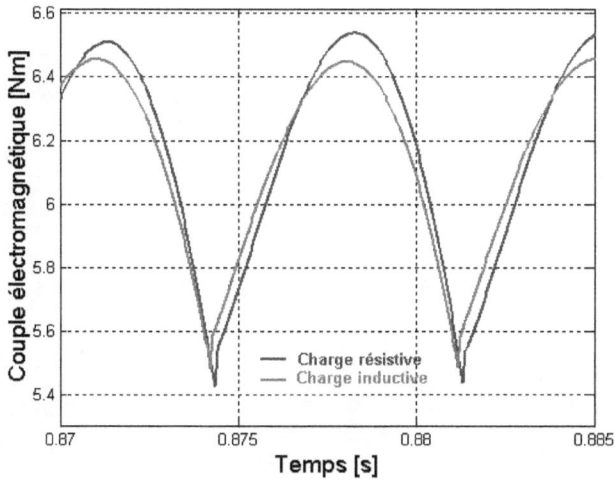

Figure 3. 24 : *Variation du couple électromagnétique en fonction du temps dans les deux cas : charge résistive et charge inductive*

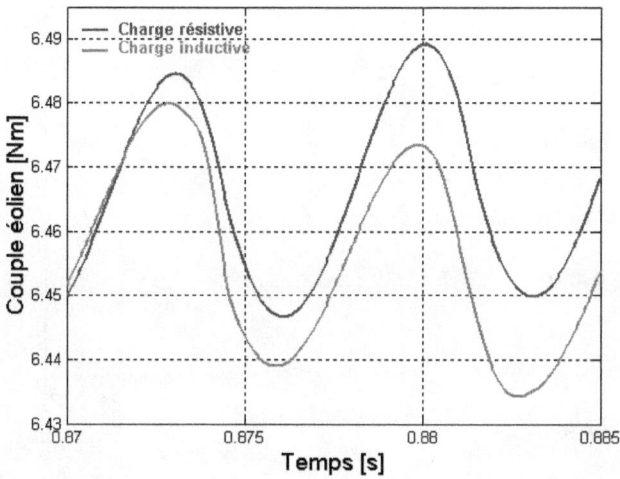

Figure 3. 25 : *Variation du couple éolien en fonction du temps dans les deux cas : charge résistive et charge inductive*

125

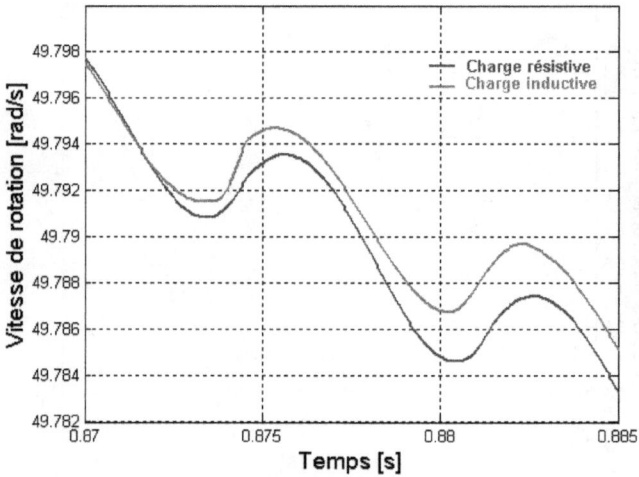

Figure 3. 26 : *Variation de la vitesse de rotation de la GSAP en fonction du temps dans les deux cas : charge résistive et charge inductive*

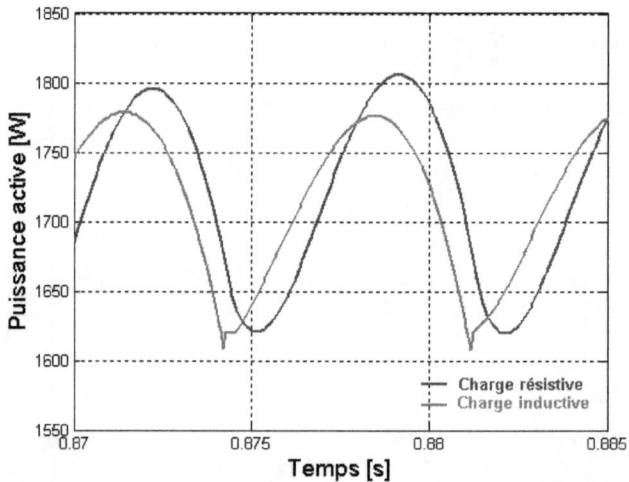

Figure 3. 27 : *Variation de la puissance active développée par la GSAP en fonction du temps dans les deux cas : charge résistive et charge inductive*

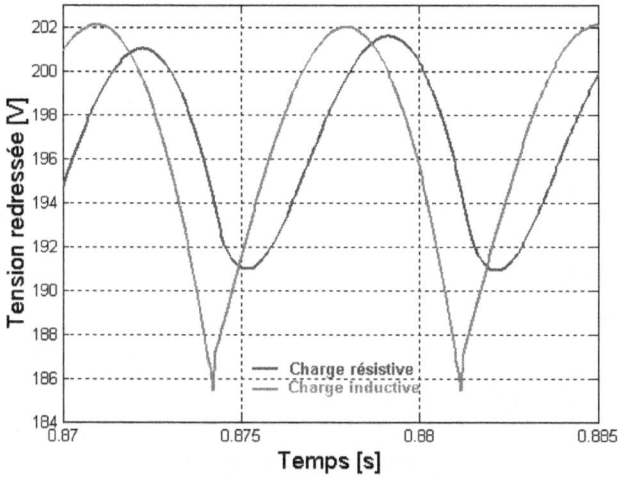

Figure 3. 28 : *Variation de la tension redressée en fonction du temps dans les deux cas : charge résistive et charge inductive*

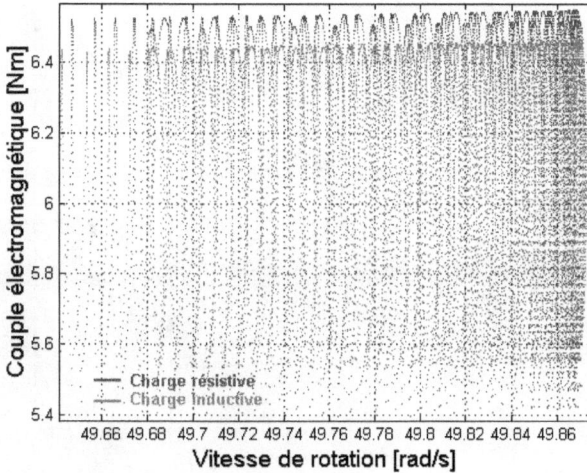

Figure 3. 29 : *Variation du couple électromagnétique en fonction de la vitesse de rotation dans les deux cas : charge résistive et charge inductive*

127

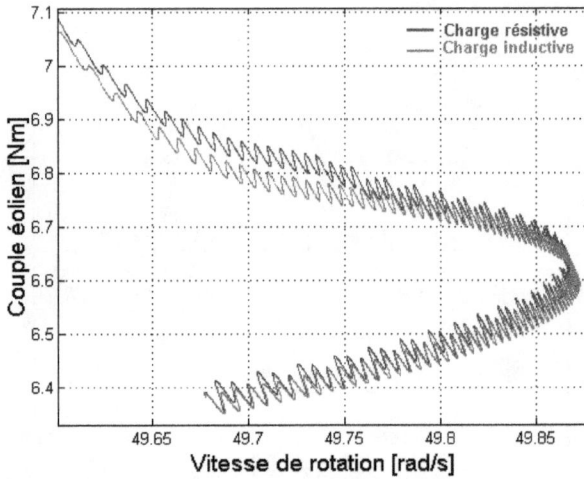

Figure 3. 30 : *Variation du couple éolien en fonction de la vitesse de rotation dans les deux cas : charge résistive et charge inductive*

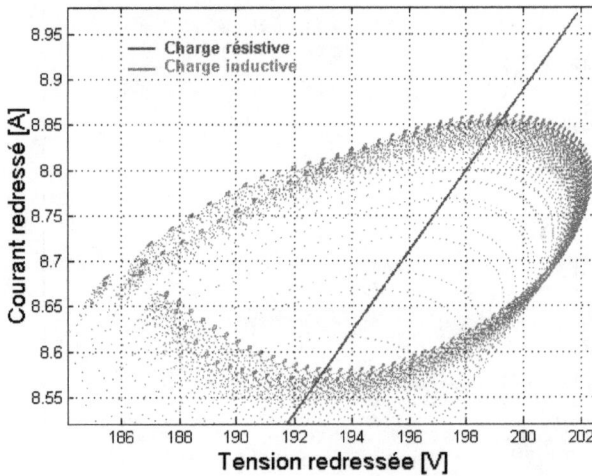

Figure 3. 31 : *Variation du courant redressé en fonction de la tension redressée dans les deux cas : charge résistive et charge inductive*

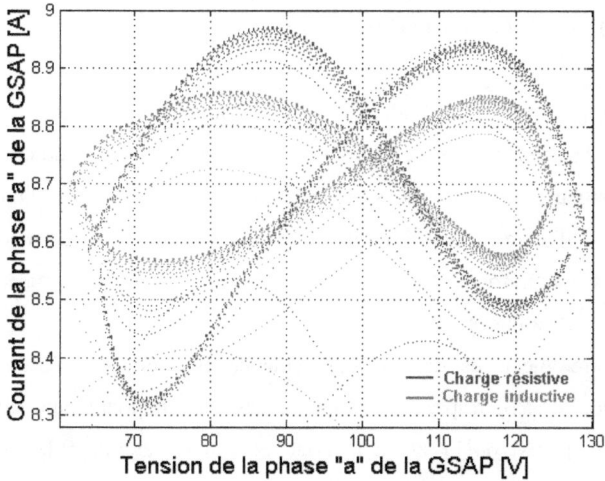

Figure 3. 32 : *Variation du courant de la phase "a" du stator de la GSAP en fonction de la tension de la phase "a" du stator de la GSAP dans les deux cas : charge résistive et charge inductive*

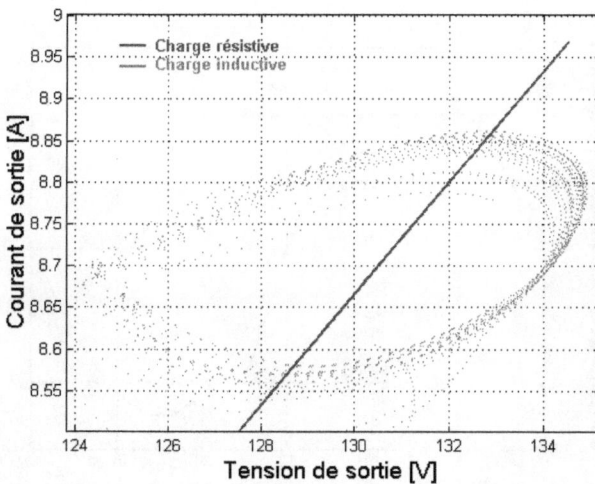

Figure 3. 33 : *Variation du courant de sortie en fonction de la tension de sortie dans les deux cas : charge résistive et charge inductive*

129

3.5 COMPARAISON ENTRE GENERATRICE A FEM SINUSOIDALE ET TRAPEZOIDALE

Afin de mettre en évidence les différences entre les deux types de génératrices selon la distribution de leur FEM, on se propose de comparer leurs grandeurs caractéristiques par le biais des résultats de simulation. La figure 3.34 illustre les distributions de la FEM de deux types de machines. Les deux génératrices sont considérées avoir les mêmes impédances statoriques et saillances.

Notre objectif est de mettre en évidence les avantages qu'offrent une génératrice à FEM trapézoïdale dans le cas du fonctionnement avec un redresseur [SAM_04(1) et (2)]. Pour cela nous étudions les mêmes grandeurs caractéristiques des différents éléments de la chaîne de conversion comme dans les cas de l'étude avec charge résistive et inductive. Les résultats de simulation présentés dans cette partie correspondant aux interactions entre la vitesse du vent et une charge résistive.

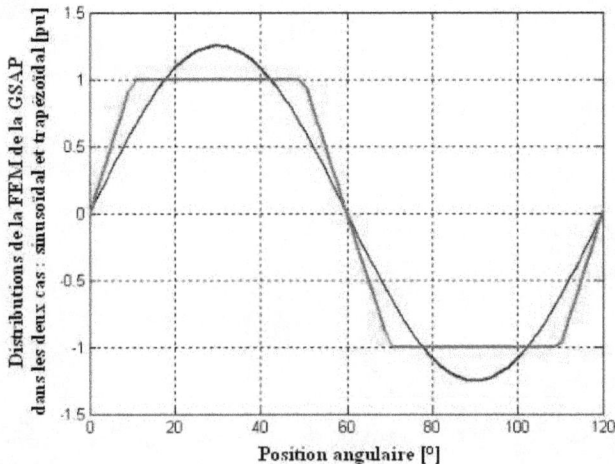

Figure 3. 34 : *Distributions sinusoïdale et trapézoïdale de la FEM de la génératrice*

130

Les figures 3.37 à 3.42 représentent les variations temporelles des différentes grandeurs caractéristiques de la chaîne de conversion pour un profil de vitesse du vent (Fig. 3.35) et une charge électrique donnés (Fig. 3.36). On peut observer sur ces figures que les différentes formes d'onde obtenues avec la GSAP à FEM trapézoïdale sont beaucoup plus lisses par rapport à ceux de la GSAP à FEM sinusoïdale.

En traçant les caractéristiques du couple éolien et du couple électromagnétique de la GSAP en fonction de la vitesse de rotation et/ou le courant redressé en fonction de la tension redressée, en respectant les variations de la vitesse du vent et de la charge électrique, on observe plusieurs zones de fonctionnement de la machine dans le deux cas.

Les figures 3.43 et 3.44 illustrent respectivement les variations du couple électromagnétique et du couple éolien en fonction de la vitesse de rotation sur l'arbre de la GSAP. Ces figures montrent que la taille des formes d'onde dans le cas de la GSAP à FEM trapézoïdale est très petite comparée à celle à FEM sinusoïdale. Nous avons mentionné précédemment que dans le cas de la GSAP à FEM sinusoïdale, les variations du couple électromagnétique sont plus fortes comparées à ceux du couple éolien. L'ondulation du couple éolien autour de la valeur moyenne pour chaque valeur de la charge électrique représente moins de 10% de celle du couple électromagnétique. Ceci n'est pas le cas de la GSAP à FEM trapézoïdale car pour ce type de machine, les variations le couple électromagnétique et du couple éolien restent dans le même ordre de variation, seulement l'allure du couple éolien reste toujours assez lisse. Nous avons précisé ultérieurement aussi que les zones de fonctionnement est particulièrement dû aux fluctuations de la vitesse de vent et des variations de la charge électrique.

La localisation des différentes zones est déterminée par la moyenne correspondante de vitesse de vent et la charge électrique correspondante.

Par contre en comparant les deux types de GSAP, on constate que les zones de fonctionnement avec la GSAP à FEM trapézoïdale est beaucoup plus petite par rapport à celle à FEM sinusoïdale (Fig. 3.43 – Fig. 3.45). Ce qui veut dire que dans le cas du fonctionnement d'une génératrice connecté à un redresseur, le choix d'une GSAP à FEM trapézoïdale semble plus intéressant.

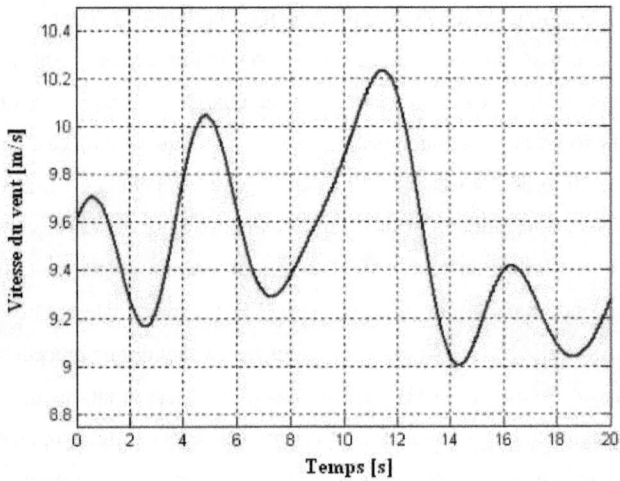

Figure 3. 35 : *Variation de la vitesse du vent pour une moyenne de 9,5 m/s*

132

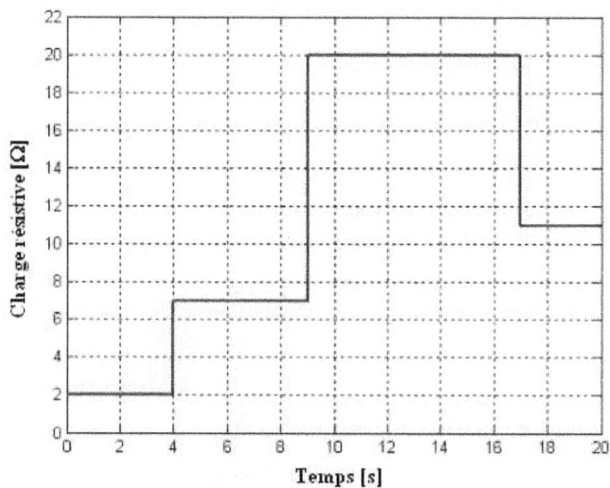

Figure 3. 36 : *Variation temporelle de la charge électrique*

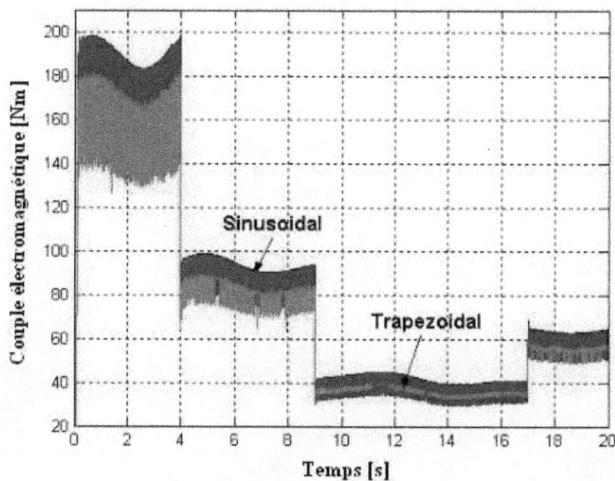

Figure 3. 37 : *Variations temporelles du couple électromagnétique de la GSAP dans les deux cas : GSAP à FEM sinusoïdale et trapézoïdale*

133

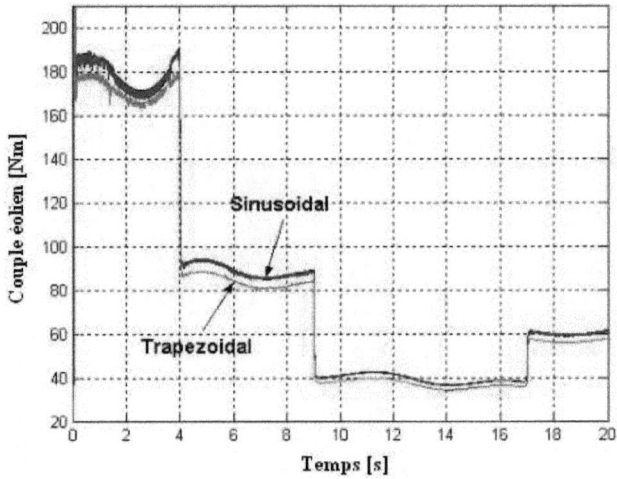

Figure 3. 38 : *Variations temporelles du couple éolien dans les deux cas :*
GSAP à FEM sinusoïdale et trapézoïdale

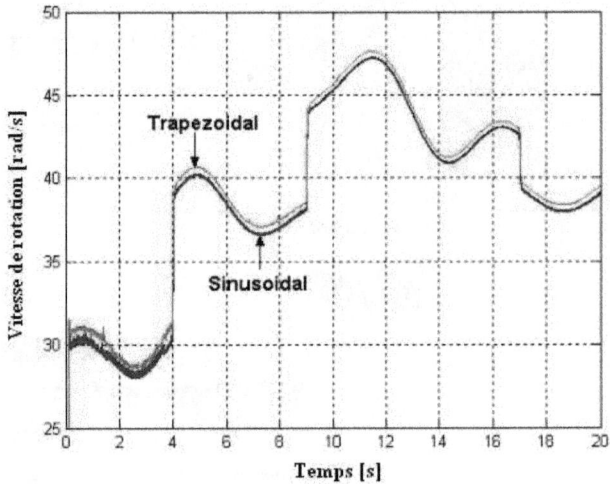

Figure 3. 39 : *Variations temporelles de la vitesse de rotation sur l'arbre*
de la GSAP dans les deux cas : GSAP à FEM sinusoïdale et trapézoïdale

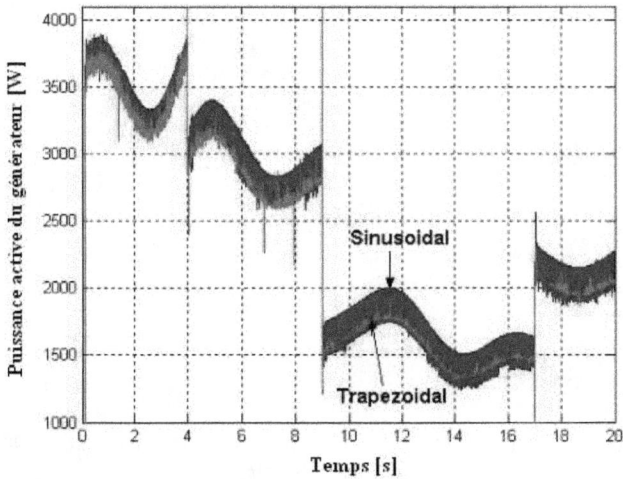

Figure 3. 40 : *Variations temporelles de la puissance active de la GSAP dans les deux cas : GSAP à FEM sinusoïdale et trapézoïdale*

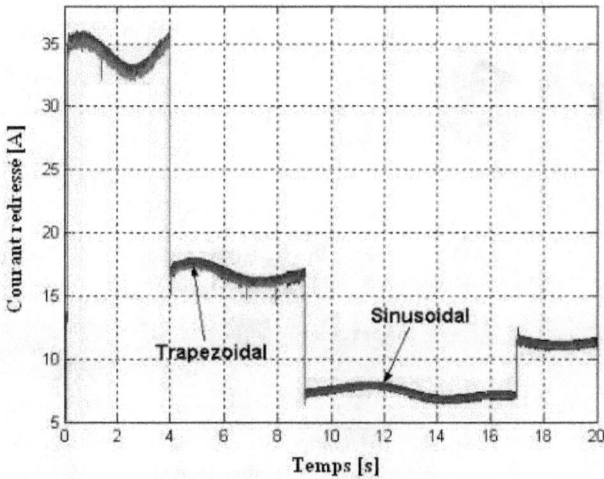

Figure 3. 41 : *Variations temporelles du courant redressé dans les deux cas : GSAP à FEM sinusoïdale et trapézoïdale*

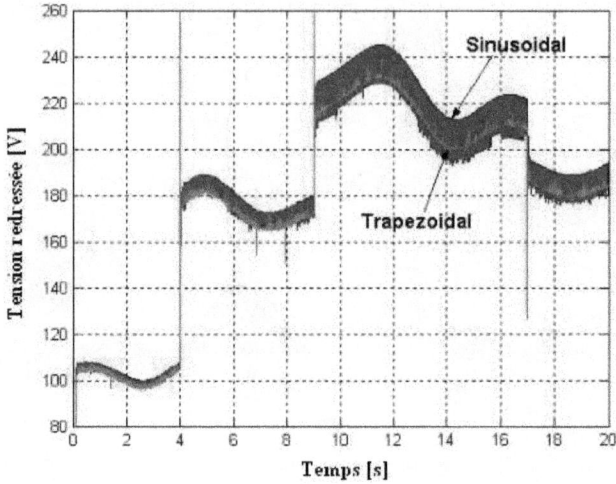

Figure 3. 42 : *Variations temporelles de la tension redressée dans les deux cas : GSAP à FEM sinusoïdale et trapézoïdale*

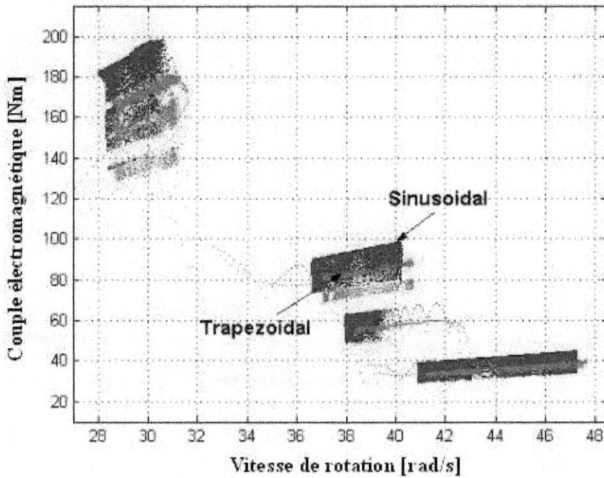

Figure 3. 43 : *Variations du couple électromagnétique de la GSAP en fonction de la vitesse de rotation sur l'arbre dans les deux cas : GSAP à FEM sinusoïdale et trapézoïdale*

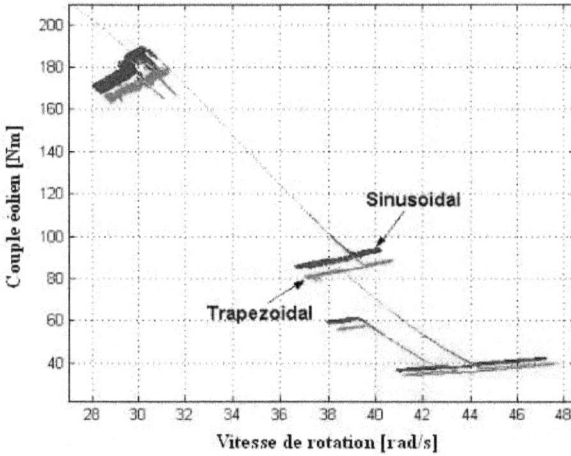

Figure 3. 44 : *Variations du couple éolien en fonction de la vitesse de rotation sur l'arbre de la génératrice dans les deux cas : GSAP à FEM sinusoïdale et trapézoïdale*

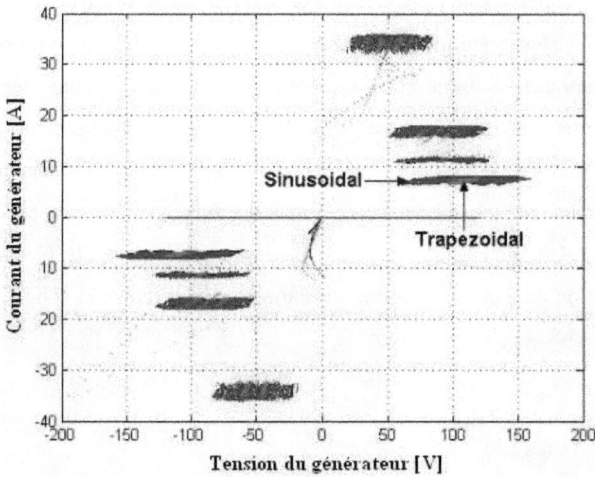

Figure 3. 45 : *Variations du courant de la phase "a" en fonction de la tension de la phase "a" de la GSAP dans les deux cas : GSAP à FEM sinusoïdale et trapézoïdale*

3.6 ETUDE DE LA CCEE EN PRENANT EN COMPTE LA SATURATION MAGNITIQUE DE LA GSAP

Le modèle complet a été implémenté dans l'environnement Matlab afin d'effectuer des simulations. Les résultats obtenus ont permis d'analyser le comportement des différents éléments constituants la CCEE par le biais leurs grandeurs caractéristiques respectives, tout en respectant le profil de la vitesse du vent aléatoire et la variation de la charge électrique. Les résultats de simulation présentés dans cette partie correspondant aux interactions entre un profil de vent aléatoire simulé et des échelons de charge résistive.

Afin de mettre en évidence les différences entre les deux configurations de CCEE basées sur deux modèles de GSAP (sans et avec saturation), on se propose de comparer leurs grandeurs caractéristiques par le biais des résultats de simulation.

Les figures 3.46 et 3.47 représentent respectivement la variation du couple électromagnétique de la GSAP en fonction de la vitesse de rotation, et la variation temporelle de sa puissance active. On peut constater sur les deux figures que dans la zone A, où les deux caractéristiques du flux en fonction du courant sont confondues, qu'il n'y a pas de différence entre les couples ainsi que les puissances de la GSAP, dans les deux cas sans et avec saturation. Une légère différence est observée dans la zone B. Cet écart est assez important dans la zone de saturation correspondant à la zone C.

138

Couple électromagnétique de la GSAP (pu)

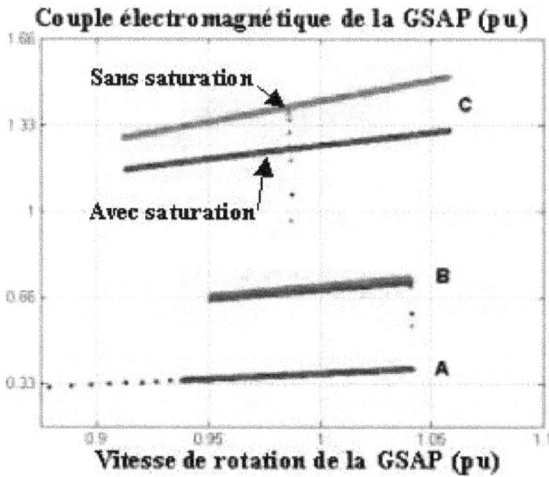

Figure 3.46 : *Variation du couple électromagnétique de la GSAP en fonction de la vitesse de rotation sur l'arbre dans les deux cas: avec et sans saturation*

Puissance active de la GSAP (pu)

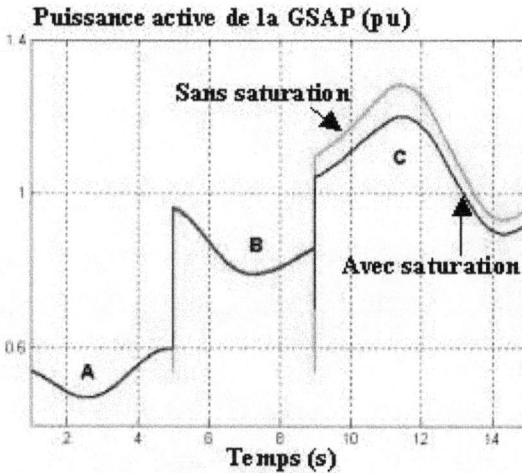

Figure 3.47 : *Variation temporelle de la puissance active de la GSAP dans les deux cas: avec et sans saturation*

139

3.7 CONCLUSION

Dans ce chapitre, nous avons exploité les résultats de simulation de la chaîne de conversion d'énergie éolienne implémentée dans le logiciel Matlab. Ceci nous a permis d'étudier le comportement des différentes grandeurs caractéristiques des éléments de la chaîne. Dans un premier temps, une étude des interactions entre la vitesse du vent et d'une charge résistive a été entamée. Ceci nous a conduit à la détermination des différentes zones de fonctionnement de la GSAP. Nous avons ensuite étendu notre analyse par l'étude des interactions entre la vitesse du vent et une charge inductive. Puis, deux types de chaîne de conversion qui sont respectivement à base d'une génératrice à FEM sinusoïdale et à FEM trapézoïdale ont été proposés et comparés. Enfin, une comparaison entre CCEE à base de GSAP sans et avec saturation magnétique a été effectuée.

CHAPITRE IV

Etude d'une éolienne de 1kW installée sur un site isolé en Normandie

4. 1 INTRODUCTION

Dans le chapitre précédent, une première validation des modèles à partir de paramètres représentatifs d'éoliennes existant dans la littérature a été effectuée. Cependant, les résultats restent théoriques. Ainsi, afin de valider de façon plus pertinente les modèles proposés, une confrontation des résultats de simulation avec des mesures sur une ou plusieurs éoliennes s'avère nécessaire.

Le GREAH est l'initiateur d'un projet qui concerne le montage d'une plate-forme technologique avec des partenaires industriels, des partenaires institutionnels et le lycée Guy de Maupassant de Fécamp. Pour cela, une éolienne de 1 kW a été implantée. Celle-ci servira donc de base d'études dans le cadre de ce travail.

Ce chapitre est organisé de la manière suivante : dans un premier temps, la plate forme technologique ainsi que l'éolienne seront décrites. Ensuite, certains paramètres et grandeurs caractéristiques de la génératrice de l'éolienne seront déterminés à partir de la méthode des éléments finis. Et enfin, les résultats des analyses effectués dans le chapitre 3 seront confrontés à des mesures expérimentales effectuées sur l'éolienne de 1 kW.

141

4. 2 DESCRIPTION DE L'EOLIENNE DE 1 kW

4. 2. 1 Plate forme technologique de Fécamp

La plate forme technologique de Fécamp (Fig. 4.1) est un site de démonstration d'un système de production décentralisé d'énergie électrique par sources renouvelables. L'objectif principal du projet est la mise en place d'un groupe diesel d'une puissance thermique de 200 kW et des panneaux photovoltaïques, couplés à une turbine éolienne d'une puissance de 10 kW. Ce couplage devrait permettre en guise de démonstration l'alimentation en électricité d'un gymnase considéré comme un site isolé. Comme dans tout système hybride, la finalité est de trouver une meilleure contribution des sources renouvelables. La figure suivante représente le schéma synoptique de la plate forme technologique :

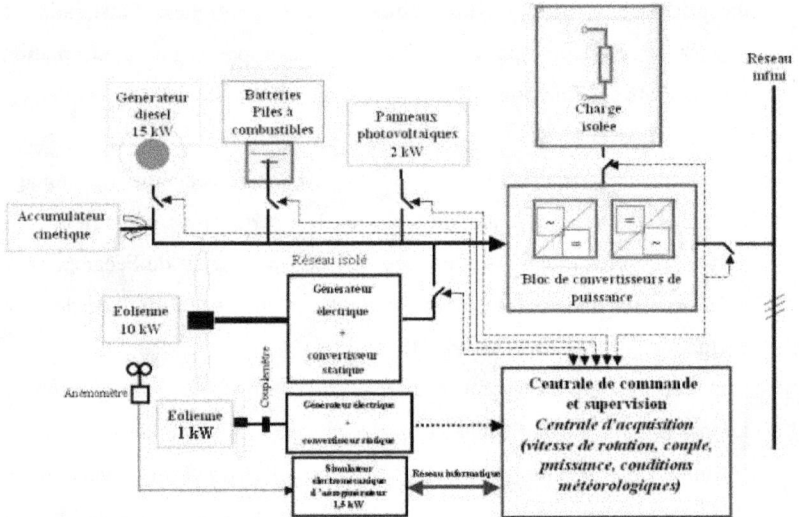

Figure 4. 1 : *Schéma synoptique de la plate forme technologique de Fécamp*

142

Ce projet de plate forme technologique est en voie de réalisation. Une éolienne de 1kW a été implantée, son fonctionnement étant géré par le GREAH. Cette éolienne de petite puissance a pour vocation de permettre de valider des modèles comportementaux en cours de développement au sein du laboratoire.

Par ailleurs, des éléments de traitement de l'énergie, appelé ici « bloc de convertisseurs de puissance », des éléments de stockage (accumulateur cinétique, batteries, piles à combustibles), des éléments de contrôle et de commande (centrale de commande et de supervision, simulateur électromécanique d'aérogénérateur) sont associés aux éléments de production de l'énergie susmentionnés,

Nous allons nous intéresser à l'éolienne de 1 kW, qui est l'objet de ce chapitre.

4. 2. 2 Eolienne du type Bergey BCW XL.1 [Web_BER]

C'est une éolienne du type Bergey BCW XL1. Les figures 4.2 (a) et (b) illustrent l'éolienne de 1 kW installée sur le site de Fécamp. Le dispositif est constitué d'une turbine éolienne tripale à calage fixe, une génératrice synchrone à aimants permanents à flux radial et à rotor externe, d'un redresseur à diodes ainsi que d'un gouvernail. Le Tableau 4.1 récapitule les grandeurs caractéristiques de l'éolienne. L'éolienne est d'une puissance de 1 kW pour une vitesse du vent d'environ 11m/s. La figure 4.3 représente la variation de la puissance délivrée par l'éolienne en fonction de la vitesse du vent.

(a)

(b)

Figure 4. 2 : *Eolienne Bergey BWC XL1 du GREAH installée*

sur le site de Fécamp

Tableau 4. 1 : *Grandeurs caractéristiques des éléments de l'éolienne BWC XL.1*

Aérogénérateur	
Poids de l'ensemble	34 kg
Vitesse de démarrage	3 m/s
Vitesse nominale	11 m/s
Vitesse d'arrêt	54 m/s
Tension nominale de sortie	24 V
Turbine	
Diamètre	2,5 m
Calage	Fixe
Mat	
Hauteur	9 m
Génératrice	
Type	Synchrone triphasée à aimants permanents
Type d'aimant	Néodyme
Puissance nominale	1 kW
Vitesse de rotation	490 tr/mn
Redresseur	
Type	Triphasé à diodes

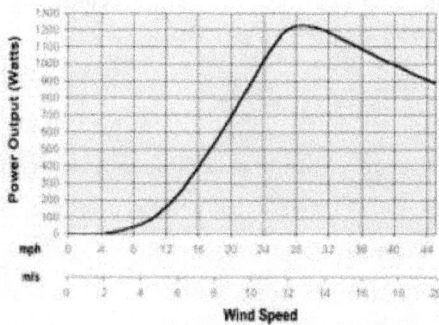

Figure 4. 3 : *Variation de la puissance de l'éolienne BWC XL.1 en fonction de la vitesse du vent* [Web_BER]

L'aérogénérateur est à entraînement direct et à base d'une génératrice à aimants permanents qui est connectée à un redresseur à diodes. A l'état actuel, aucune boucle de régulation n'y est associée. La figure suivante représente le schéma synoptique de l'éolienne.

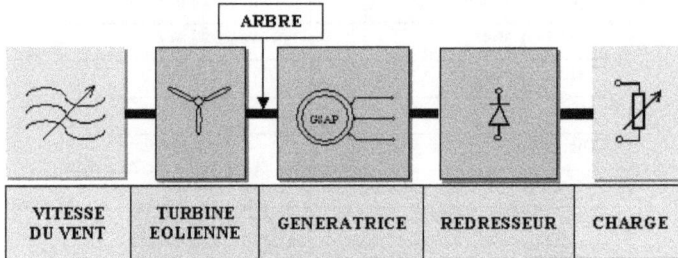

Figure 4. 4 : *Schéma synoptique de l'éolienne Bergey BWC XL1*

4. 3 ETUDE DE LA GSAP

4. 3. 1 Introduction

Cette partie est consacrée à la simulation de la GSAP de l'éolienne par le biais du logiciel FLUX2D basé sur la méthode des éléments finis (MEF) à deux dimensions. Certains paramètres de la GSAP à savoir l'induction rémanente des aimants ainsi que la résistance des phases de la machine seront déterminés. Par ailleurs, les simulations à la fois en régime linéaire et non linéaire permettront de déterminer un certain nombre de grandeurs de la machine telle que la force électromotrice à vide ainsi que l'induction dans l'entrefer. La simulation à l'aide de FLUX2D nécessite la connaissance d'un certain nombre de grandeurs. Ainsi, avant d'entamer les simulations, nous allons commencer par déterminer ces grandeurs.

4. 3. 2 Détermination de la résistance totale d'une phase et de l'induction rémanente

4. 3. 2. 1. Type de bobinage de la GSAP

Il faut noter qu'aucune donnée constructeur de la machine n'est fournie. Il a fallu donc effectuer des mesures de sa géométrie (Annexe 4.1). Ces mesures ainsi que l'observation à partir d'une prise de vue de la machine nous a permis de déterminer le type de bobinage de la GSAP. La figure de l'annexe 4.2 représente une prise de vue d'une face de la machine, montrant les parties principales (stator, rotor) ainsi que les bobinages

Nous avons mentionné précédemment qu'il s'agit d'une génératrice synchrone triphasée à aimants permanents à rotor externe. Elle possède 6 paires de pôles et 36 encoches ce qui donne 6 encoches par paire de pole. Mais, en observant la figure de l'annexe 4.2, nous pouvons dire qu'elle est constituée de bobinages à deux plans (à deux couches) où les parties supérieures des encoches représentent les allers des bobines et les parties inférieures représentent les retours des bobines. Donc, il y a 12 demi-encoches par paires de pôles car deux demi-encoches constituent une bobine. De ce fait, il y a 2 bobines par phase et par paires de pôles. En outre, le bobinage est constitué avec un pas diamétral.

La figure suivante représente le schéma de principe du bobinage de la GSAP sur une paire de pôles.

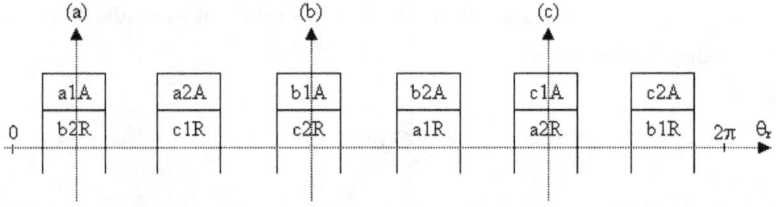

Figure 4. 5 : *Répartition des bobinages de la GSAP sur une paire de pôles*

a, b et c sont les bobines correspondant aux phases du même nom, A et R correspondent respectivement à l'« aller » et le « retour » des bobinages, et θ_r la position angulaire du rotor.

4. 3. 2. 2. Calcul de la résistance totale d'une phase

Par définition, la résistance d'un matériau est donnée par :

$$R = \rho \frac{l}{S} \tag{4.1}$$

avec R, ρ, l et S sont respectivement la résistance, la résistivité, la longueur moyenne et la section moyenne du matériau.

Nous cherchons à calculer la résistance d'une phase dont les bobinages sont confectionnés avec du cuivre. Si l_m est la longueur moyenne d'un fil de la phase, S_{sp} la section d'une spire, N_{sp} le nombre de spire et ρ_{cu} la résistivité du cuivre, la résistance de phase R_s s'écrit alors :

$$R_s = N_{sp} \rho_{cu} \frac{l_m}{S_{sp}} \tag{4.2}$$

a) Calcul de la longueur moyenne d'une spire

La longueur moyenne d'un fil d'un phase est donnée par :

$$l_m = 2p(2L + 2l_t) = 4p(L + l_t) \tag{4.3}$$

avec L la longueur axiale d'une bobine, l_t longueur d'une tête de bobine et p le nombre de paires de pôles.

En observant les bobines, on constate qu'elles sont prolongées entre leurs extrémités et les parties transversales. En notant e_t la prolongation axiale de la bobine, la longueur axiale d'une bobine est donc exprimée en fonction de la longueur axiale du circuit magnétique L_M comme suit :

$$L = L_M + 2e_t \tag{4.4}$$

La longueur d'une tête de bobine est obtenue à partir de la relation suivante :

$$l_t = [R_b{}^2 + R_h{}^2 + 2R_b R_h \cos(\pi - 3p_{es})]^{\frac{1}{2}} \tag{4.5}$$

avec $p_{es} = \dfrac{2\pi}{N_{es}}$

p_{es} est le pas d'encoche, N_{es} le nombre d'encoches, R_h le rayon du centre de la partie haute de l'encoche occupée par l'aller d'une bobine et R_b le rayon du centre de la partie basse de l'encoche occupée par le retour d'une bobine. Il faut noter que R_h et R_b font un angle de $3p_{es}$.

En associant les relations (4.3) – (4.5) on obtient :

$$l_m = 4p\left\{L_M + 2e_t + \left[R_b{}^2 + R_h{}^2 + 2R_b R_h \cos\left(\pi - \frac{6\pi}{N_{es}}\right)\right]^{\frac{1}{2}}\right\} \qquad (4.6)$$

b) Estimation du nombre de spires

Le diamètre sur émail mesuré D_{me} d'une spire qui vaut 1mm est normalisé. Nous avons choisi donc un diamètre normalisé de 1,017mm correspondant à une résistance linéique nominale R_{ln} à 20°C de 0,02432 Ω/m. Cette dernière s'exprime :

$$R_{ln} = \frac{R_{20}}{l_{cu}} = \frac{\rho_{cu}}{S_{sp}} \qquad (4.7)$$

avec R_{20} est la résistance à 20°C.

Connaissant R_{ln}, la relation (4.2) devient :

$$Rs = R_{ln} l_m N_{sp} \qquad (4.8)$$

Le nombre de spires par centimètre carré N_{spc} correspondant à D_{me} vaut 92 spires. De ce fait la valeur de N_{sp} vaut :

$$N_{sp} = S_b \frac{N_{spc}}{100} \qquad (4.9)$$

S_b représente la section d'une bobine en millimètre carré qui vaut la moitié de la surface totale occupée par un bobinage dans une encoche S.

$$S_b = \frac{S}{2} \qquad (4.10)$$

En associant (4.9) et (4.10) on a :

$$N_{sp} = S\frac{N_{spc}}{200} \qquad (4.11)$$

Sur la figure 4.5, on peut observer qu'une partie de l'encoche n'est pas occupée par le bobinage. Nous avons approximer la forme d'une encoche à un trapèze (Figure 4.6).

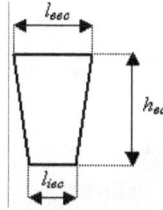

Figure 4. 6 : *Approximation sous forme trapézoïdale de la forme d'encoche du stator*

l_{eec} et l_{iec} sont les longueurs externe et interne de l'encoche, et h_{ec} sa hauteur.

Ainsi, le nombre de spires estimé vaut $N_{sp} = 60$ spires.

En associant les relations (4.6) et (4.8), la résistance qui est estimée à 3,3 Ω s'exprime comme suit :

$$Rs = 4pR_{\ln}N_{sp}\left\{L_M + 2e_t + \left[R_b^2 + R_h^2 + 2R_bR_h\cos\left(\pi - \frac{6\pi}{N_{es}}\right)\right]^{\frac{1}{2}}\right\} \quad (4.12)$$

4. 3. 2. 3. Estimation de l'induction rémanente des aimants

Le manuel de l'éolienne mentionne que les aimants permanents utilisés dans la machine sont du type Néodymes Fer Bore (N_dF_eB) [Web_BER]. On sait que les aimants permanents, hormis les AlniCo ($\mu_r \approx$ 2,5 à 5), ont une perméabilité relative qui est comprise entre 1,05 et 1,4. Ainsi, il faut donc procéder à une estimation de la valeur de l'induction rémanente des aimants (B_R) pour avoir un ordre d'idée de la valeur réelle.

Le calcul est basé sur des mesures de l'induction d'entrefer de la machine par le biais d'un capteur à effet Hall. Ces relevés nous ont permis de déduire l'amplitude maximale B_{emax} de l'induction d'entrefer de la GSAP à l'arrêt qui vaut 0,755 T.

Pour la détermination de B_R, nous considérons un circuit magnétique formé par le rotor, le stator ainsi que l'entrefer. Le calcul est basé sur le théorème d'Ampère qui, par définition, s'écrit de la façon suivante :

$$\int Hdl = \sum NI \qquad\qquad (4.13)$$

avec H le champ magnétique embrassé par les bobines, I le courant enlacé, N le nombre de spires et dl l'unité de longueur moyenne des lignes de champ.

On considère une ligne de champ moyenne, par conséquent, la relation (4.13) nous permet d'écrire :

$$2H_e e + 2H_a l_a = 0 \qquad\qquad (4.14)$$

H_e et H_a sont respectivement le champ dans l'entrefer et le champ d'un aimant, e l'épaisseur de l'entrefer et l_a l'épaisseur d'un aimant.

Le second terme de l'équation (4.14) est nul car on est en fonctionnement à vide. De plus, les champs dans les circuits magnétiques rotoriques et statoriques sont négligeables devant ceux de l'entrefer et de l'aimant.

En appliquant la conservation du flux, on obtient :

$$B_a = \alpha_s B_e \tag{4.15}$$

avec $\alpha_s = \dfrac{S_e}{S_a}$ et $B_e = \mu_0 H_e$

B_a et B_e sont respectivement l'induction dans un aimant et l'induction dans l'entrefer, S_a la surface d'un aimant et S_e la surface de l'entrefer

Les deux surfaces sont respectivement calculées à partir des relations suivantes :

$$S_e = r L_M \left(\frac{\pi}{p} - 3\alpha_{es} \right) \tag{4.16}$$

$$S_a = \frac{2\pi\, r L_M}{3\mathrm{p}} \tag{4.17}$$

avec r est la somme du rayon du stator et l'épaisseur de l'entrefer, α_{es} angle d'ouverture d'une encoche statorique.

Par ailleurs, la relation du milieu pour un aimant est :

$$B_a = \mu_0 \mu_r H_a + B_R \tag{4.18}$$

μ_0 : perméabilité du vide

μ_r : perméabilité relative de l'aimant (on prend $\mu_r = 1{,}1$)

153

En associant les équations (4.15) et (4.18), on obtient :

$$H_a = \frac{\alpha_s \mu_0 H_e - B_R}{\mu_0 \mu_r} \tag{4.19}$$

Ainsi l'équation (4.14) nous donne :

$$B_R = \left(\alpha_s + \frac{\mu_r e}{l_a} \right) B_e \tag{4.20}$$

D'où la valeur estimée de l'induction rémanente vaut :

$B_R \approx 1,178 \text{ T}$

4. 3. 3 Modélisation par la MEF et en régime linéaire de la GSAP

4. 3. 3. 1 Brève présentation du logiciel FLUX2D

La modélisation de la GSAP est effectuée avec FLUX2D. C'est un logiciel de CAO (Conception Assisté par Ordinateur) qui est basé sur la méthode des éléments finis. En effet, il calcule sur des sections planes (problèmes plans ou problèmes à symétrie de révolution) les états magnétique, électrique ou thermique des dispositifs. Ces états permettent d'accéder à de nombreuses grandeurs globales ou locales : champ, potentiel, flux, énergie, force, ... Les grandeurs obtenues seraient difficiles, voire impossible à déterminer par d'autres méthodes (calculs analytiques, prototypes, mesures, essais)

Les phénomènes qui interviennent dans le dispositifs électrotechniques sont décrits par différentes équations : équations de Maxwell, équation de la chaleur, lois de comportement des matériaux.

La résolution simultanée de ces équations est difficilement réalisable en raison de sa complexité et de la qualité de calculs à effectuer. Pour cette raison, FLUX2D dispose d'un certain nombre de modules d'application physique qui permettent de résoudre chacun un type de problème donné, décrit par une équation et des hypothèses (hypothèses de fonctionnement, hypothèses de comportement des matériaux). Ainsi, les deux modules qui sont utiles pour la simulation de cette machine synchrone sont :

> ➢ le module magnétostatique permettant d'obtenir comme résultats significatifs l'induction, le champ magnétique, l'état de saturation, le flux, l'énergie, la force et le couple ;

> ➢ le module magnétique évolutif qui permet d'obtenir comme résultats en plus de ceux obtenus précédemment la FEM d'une phase et les puissances dissipées par effet joule dans les matériaux résistifs.

Pour résoudre un problème électromagnétique sur un domaine d'étude bien défini, il est nécessaire de discrétiser les équations aux dérivés partielles qui régissent l'évolution des champs magnétique et électrique, à cause de la complexité de résoudre directement le système d'équations obtenu. La MEF est l'une des méthodes qui permet d'effectuer cette discrétisation. Cependant, elle utilise une formulation intégrale et non pas les équations aux dérivées partielles. Il est donc nécessaire d'effectuer une transformation de ces équations, par exemple, par la méthode de Galerkine ou la méthode des résidus pondérés [DHA_].

La discrétisation de cette formulation intégrale par la MEF conduit à un système d'équations linéaires dont la résolution fournit une solution approchée du problème. La démarche de la MEF peut être résumer par l'organigramme de la figure 4.7 [BAR_95].

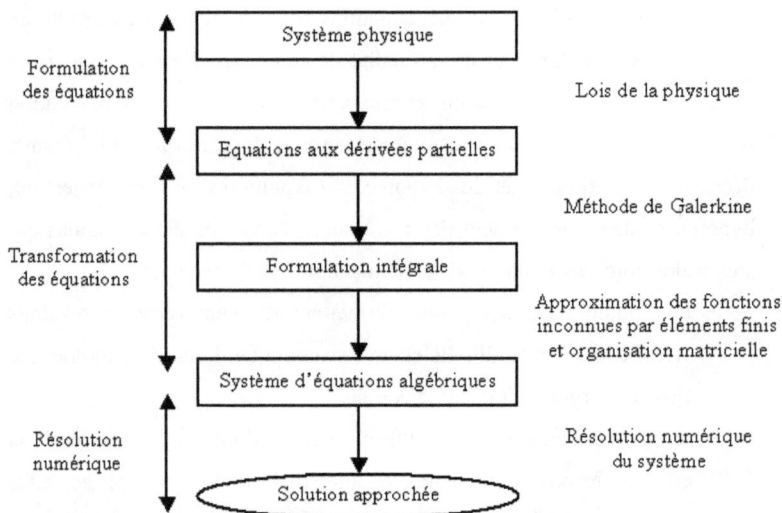

Figure 4. 7 : *Démarche de la résolution par la méthode des éléments finis*

4. 3. 3. 2 Rappel des équations de Maxwell

La prédiction précise du comportement global d'un système physique est souvent associée à la connaissance du comportement local des grandeurs mises en jeu. Ce comportement local est le plus souvent représenté par un système d'équations aux dérivées partielles reliant les grandeurs locales aux variables espace et temps. En électromagnétisme, les équations de Maxwell forment le système d'équations aux dérivées partielles représentant la mise en équations d'un problème physique. En rajoutant les trois relations du milieu considéré, nous disposons alors du système des sept équations suivantes :

$$rot\vec{E} = -\frac{\partial \vec{B}}{\partial t} \tag{4.21}$$

156

$$rot\vec{H} = \vec{J} + \frac{\partial \vec{D}}{\partial t} \qquad (4.22)$$

$$div\vec{B} = 0 \qquad (4.23)$$

$$div\vec{D} = \rho \qquad (4.24)$$

$$\vec{B} = \mu\vec{H} + \vec{B}_r \qquad (4.25)$$

$$\vec{D} = \varepsilon\vec{E} \qquad (4.26)$$

$$\vec{J} = \sigma\vec{E} \qquad 4.27)$$

avec B induction magnétique, B_r induction rémanente, D induction électrique, E champ électrique, H champ magnétique, J densité de courant, t temps, ε permittivité, μ perméabilité, ρ charge volumique et σ conductivité.

4. 3. 3. 3 Modèle magnétostatique

Nous avons mentionnés précédemment que ce modèle permet de déterminer l'induction de la machine. Pour se faire, la formulation en potentiel vecteur sera utilisée. Cette formulation s'applique à tous les dispositifs magnétostatiques même s'ils sont parcourus par des courants non nuls. On suppose, par ailleurs, que la répartition de la densité de ces courants est imposée. En outre, En raison de la faible fréquence mise en jeu [COU_86][COU_87], les courants de déplacement $\frac{\partial \vec{D}}{\partial t}$ de l'équation (4.22) peuvent être négligés dans le domaine de l'électrotechnique.

$$rot\vec{H} = \vec{J} \qquad (4.28)$$

Les équations de la magnétostatique se déduisent des équations (4.23), (4.25) et (4.28).

En exprimant le vecteur champ magnétique en fonction de l'induction et du champ coercitif H_c à partir de l'équation (4.25) on obtient :

$$\vec{H} = \nu\vec{B} + \vec{H}_c \tag{4.29}$$

avec $\nu = \dfrac{1}{\mu}$ est la réluctivité magnétique.

Nous sommes dans le cas de la modélisation en régime linéaire. Ceci veut dire que H varie linéairement en fonction de B, autrement dit μ est constant. Le flux étant conservatif, on introduit un potentiel vecteur magnétique A tel que :

$$\vec{B} = rot\vec{A} \tag{4.30}$$

Nous n'avons pas de courant d'excitation ni de courant induit, J est donc nul. Ainsi, l'équation à résoudre devient alors :

$$rot\left(\nu\, rot\vec{A}\right) = rot\vec{H}_c \tag{4.31}$$

Pour assurer l'unicité du potentiel vecteur, on impose la jauge de Coulomb :

$$div\vec{A} = 0 \tag{4.32}$$

Les conditions aux limites associées à cette formulation sont :

$\vec{A} \wedge \vec{n} = 0$ sur les frontières où le champ est tangent ($\vec{B}.\vec{n} = 0$)

$\vec{A}.\vec{n} = 0$ sur les frontières où l'induction est normale ($\vec{H} \wedge \vec{n} = 0$)

où n représente la normale extérieure au domaine d'étude.

La discrétisation de l'équation (4.31) par la MEF nodaux permet d'approcher le potentiel vecteur par :

$$A = \sum_{i=1}^{N} \alpha_i(x, y, z).A_i \qquad (4.33)$$

A_i et α_i représentent respectivement la valeur du potentiel vecteur au nœud i avec N le nombre de nœuds du domaine d'étude et la fonction d'approximation associée au nœud i, définie et continue par morceau sur les éléments du maillage ou de la discrétisation.

La système matriciel obtenu à partir de la méthode de Galerkine ainsi que les différentes méthodes de résolution sont détailles dans [COU_86][COU_87].

4. 3. 3. 4 Maillage de la GSAP et répartition de l'induction

La MEF oblige à découper le domaine d'étude en plusieurs éléments (mailles). Le maillage peut être réalisé à l'aide d'un mailleur (automatique ou assisté) qui génère des éléments finis du deuxième ordre et qui permet un contrôle très précis des mailles obtenues. Le mailleur automatique permet de construire rapidement un maillage et génère des mailles triangulaires à partir de subdivisions sur des lignes ayant servi à la définition géométrique. Le mailleur assisté, d'emploi plus délicat, est particulièrement adapté à la réalisation de maillages très fins car il permet de limiter le nombre d'éléments. Les mailles générées par ce mailleur peuvent être des triangles ou des quadrangles. Ces deux mailleurs peuvent être utilisés simultanément pour mailler une géométrie.

Dans un premier temps, la géométrie de la machine a été représentée en 2 dimensions à l'aide du dessin technique de l'annexe 4.1 dans lequel figurent les côtes nécessaires. Mais, quelques lignes ont été rajoutées au niveau des aimants et des encoches. En effet, chaque aimant est divisé en quatre sous régions pour pouvoir orienter correctement, dans la suite, la flèche de l'aimantation. Aussi, chaque encoche est divisée en deux parties car la machine est constituée de bobinages en deux couches. En outre, l'entrefer qui est une région fine est divisée en trois parties d'épaisseurs égales: une partie au niveau du rotor, celle au niveau du stator et la bande de roulement. Cette dernière permet de faire tourner le rotor sans modifier la géométrie et le maillage de la machine. D'autres lignes ont été rajoutées au reste de la géométrie pour faciliter le maillage. La figure suivante illustre le maillage de la GSAP.

Figure 4. 8 : *Maillage 2D de la GSAP*

La figure 4.9 représente de la répartition de l'induction dans la machine sous forme d'un dégradé de couleurs. Sur cette figure, on peut constater que la région a une couleur claire, plus la valeur de l'induction (donc le champ) est élevée et inversement.

Figure 4. 9 : *Répartition et dégradé de l'induction dans la GSAP*

Dans les régions définies avec de l'air sauf l'entrefer (arbre, encoches, zones non aimantées), on voit que l'induction est faible car il n'y a pratiquement pas de lignes de champ qui traverse leurs frontières (ces lignes de champ préfèrent se diriger vers les régions ferromagnétiques). On remarque aussi qu'il y a une partie du stator (autour de l'arbre) où on observe des lignes de champ en faible quantité. Le constructeur aurait pu remplacer cette partie par un matériau amagnétique mais il a probablement pensé au coût car le fait de constituer le stator en deux parties (une partie magnétique et une partie amagnétique) est plus onéreux. Au niveau du rotor, on voit que les lignes de champ ne sortent pas du contour externe du rotor. Ceci est dû au fait que la condition de Dirichlet a été affectée sur le pourtour de la machine.

De plus, toujours dans le rotor, on voit qu'il y a une concentration de lignes de champ au niveau des zones non aimantées et qu'il n'y en a pas face aux dents dans lesquelles l'induction est élevée. C'est ce qu'on observe sur la figure 4.11 représentant l'évolution dans l'espace des deux composantes de l'induction (composante tangentielle B_t et composante normale B_n) entre 0° et 60° sur une paire de pôles.

En effet, lorsque B_t est à son maximum (face à la zone non aimantée) alors B_n est très faible ou nulle et vice versa.

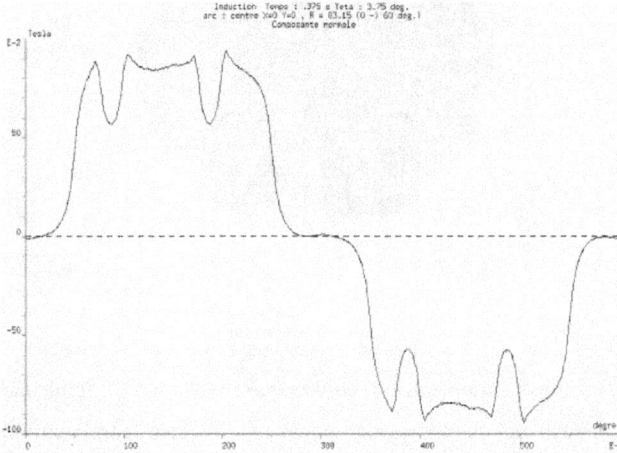

Figure 4. 10 : *Variation de l'induction normale dans l'entrefer de la GSAP*

L'exploitation de l'évolution spatiale de l'induction dans l'entrefer (Fig. 4.10) nous donne la valeur de l'induction dans l'entrefer face au milieu d'une dent qui vaut 0,85 T. Cette valeur est supérieure à celle qui était mesurée.

Nous sommes toujours dans le cas du modèle magnétostatique. Les simulations sont donc faites pour une position du rotor bien définie. Ainsi, pour avoir les variations temporelles des grandeurs caractéristiques de la génératrice telles que l'induction, la FEM des phases, le couple de détente, il faut passer au modèle magnétodynamique évolutif. Avec ce modèle, le rotor n'est plus figé.

4. 3. 3. 5 Modèle magnétodynamique évolutif

La FEM d'un système électromagnétique est calculée à partir de la loi de Faraday – Lenz définie par :

$$e = -\frac{d\Phi}{dt} \tag{4.34}$$

En magnétique évolutif, le rotor n'est plus figé donc l'induction dépend du temps, ce qui permet d'avoir la variation temporelle de la FEM de chaque phase.

Pour ce faire, avec les équations décrites dans le modèle magnétostatique, nous rajoutons :

$$\vec{J} = \vec{J}_{ex} + \vec{J}_{ind} \tag{4.35}$$

$$\vec{E} = \vec{E}_{ex} + \vec{E}_{ind} \tag{4.36}$$

Avec J_{ex} courant crée par le circuit extérieur, J_{ind} courant induit, E_{ex} champ électrique crée par le circuit extérieur et E_{ind} champ électrique induit.

Le champ électrique induit peut être exprimé en fonction du potentiel vecteur à partir des relations (4.21) et (4.23) :

$$\vec{E}_{ind} = -\frac{\partial \vec{A}}{\partial t} \tag{4.37}$$

Le champ électrique externe est crée par une différence de potentielle V due à un circuit extérieur tel que :

$$\vec{E}_{ex} = -\,gradV \tag{4.38}$$

163

En associant les équations (4.21) - (4.23), (4.25), (4.27), (4.30), (4.35) - (4.38), on obtient l'équation à résoudre dans le cas du modèle magnétodynamique évolutif :

$$rot\left(v \, rot\vec{A}\right) + \sigma\frac{\partial A}{\partial t} = -\sigma \, \mathrm{grad}V + rot\vec{H}_c \qquad (4.39)$$

Il faut noter que dans notre cas, les aimants ne sont pas résistifs. Ainsi, les courants de Foucault ne se développent pas. De ce fait, notre régime est un régime faussement évolutif.

4. 3. 3. 6 FEM à vide

L'exploitation de l'équation (4.39) nous permet de déterminer les différentes grandeurs citées plus haut. La FEM est déterminée à partir du flux traversant l'entrefer et vue par une bobine diamétrale. La figure 4.11 représente la FEM composée à vide de la GSAP pour une vitesse de 134,8 tr/mn, fréquence avec laquelle les mesures ont été effectuées.

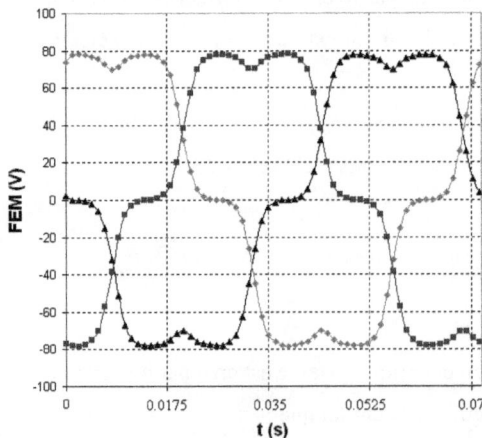

Figure 4. 11 : *Variation des FEM composées à vide simulées*

En comparant les FEM obtenues par simulation avec celles mesurées (Fig. 4.12), on constante que leurs amplitudes respectives ont une légère différence. Cependant on constate que les courbes simulées contiennent beaucoup plus d'harmoniques par rapport celles mesurées.

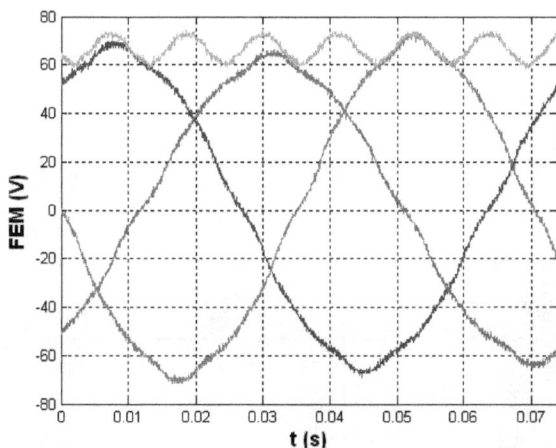

Figure 4. 12 : *Variation des FEM composées à vide mesurées*

La présence des harmoniques sur les FEM simulées peut être expliquée par la non prise en compte de l'inclinaison des encoches. Pour cela, deux solutions sont possibles. La première consiste à refaire les simulations avec FLUX3D; la seconde consiste à multiplier les FEM obtenues par le coefficient d'inclinaison des encoches. Nous avons adopté cette deuxième solution du fait de sa facilité de mise en œuvre et de sa rapidité.

Le facteur d'inclinaison k_{in} pour l'harmonique n est définit de la manière suivante :

$$k_{in} = \frac{\sin\left(\dfrac{pnp_{es}}{2}\right)}{\dfrac{pnp_{es}}{2}}$$

(4.40)

Dans le cas de la GSAP étudiée $p = 6$ et $p_{es} = \frac{\pi}{18}$, d'où le facteur d'inclinaison vaut :

$$k_{in} = \frac{\sin\left(\dfrac{n\pi}{6}\right)}{\dfrac{n\pi}{6}}$$

(4.41)

La figure suivante représente le spectre des amplitudes de la FEM de la phase « a » mesurée.

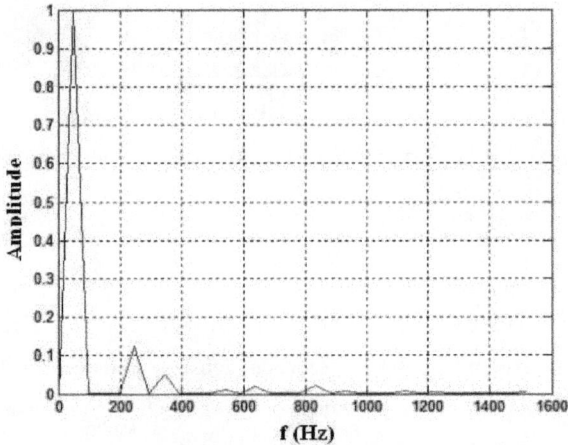

Figure 4. 13 : *Spectre des amplitudes de la FEM de la phase « a » simulée*

On peut observer sur cette figure que ce sont les harmoniques 5, 7, 11 et 13 qui contribuent principalement à la déformation des FEM simulées. Ainsi, la reconstitution des signaux après avoir éliminé ces harmoniques et en prenant en compte le facteur d'inclinaison des encoches, on obtient qualitativement des caractéristiques des FEM plus proches de celles mesures.

Ceci dit, l'écart est au niveau des amplitudes est toujours présent. La figure 4.14 illustre les FEM simulées avec prise en compte du facteur d'inclinaison des encoches et en éliminant les harmoniques suscités.

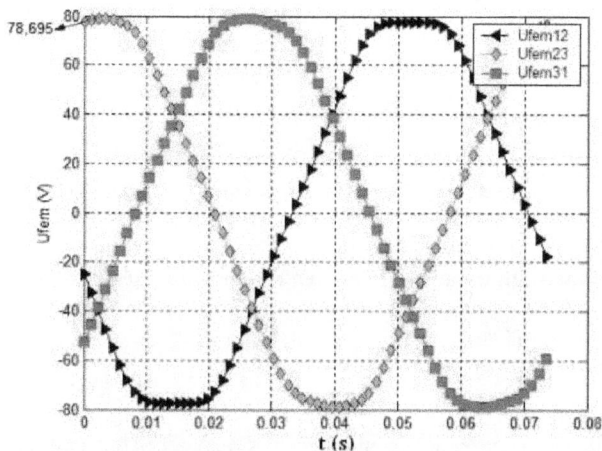

Figure 4. 14 : *FEM composées à vide dans le cas linéaire avec facteur d'inclinaison des encoches et en éliminant les harmoniques 5, 7, 11, 13*

4. 3. 3. 7 Couple de détente

L'évolution du couple de détente de la machine est représentée dans la figure 4.15. La position d'équilibre de la machine correspond aux endroits où ce couple est nul par respect du théorème du flux maximal. Ainsi, la position du rotor correspondant à cet équilibre est celle où on a le moins de trous (les encoches) et plus de matière (les dents des encoches) devant chaque aimant.

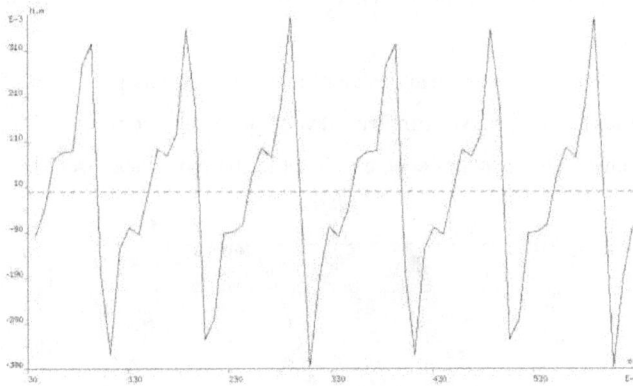

Figure 4. 15 : *Couple de détente simulé de la GSAP*

4. 3. 4 Modélisation par la MEF et en régime non linéaire de la GSAP

4. 3. 4. 1 Prise en compte de la saturation

Nous utilisons exactement les mêmes démarches que celles que nous avons entrepris pour le cas linéaire. Seulement, la modification se porte sur la variation du champ magnétique en fonction de l'induction qui n'est plus linéaire. Il faut noter que les aimants sont toujours considérés avoir un caractéristique linéaire. En effet, si on choisit des aimants non linéaires, le cycle d'hystérésis qu'ils décrivent sera irréversible du champ de saturation H_s et il va falloir donc les renouveler car à chaque dépassement de H_s, les aimants sont désaimantés.

De ce fait, pour des raisons de coûts, il est plus commode de choisir des aimants linéaires et dont leur cycle d'hystérésis est réversible pour les machines. Cette solution est adoptée par la majorité des constructeurs des machines électriques.

168

La figure 4.16 représente la variation de l'induction en fonction du champ magnétique du matériau au niveau du stator et du rotor en régime non linéaire.

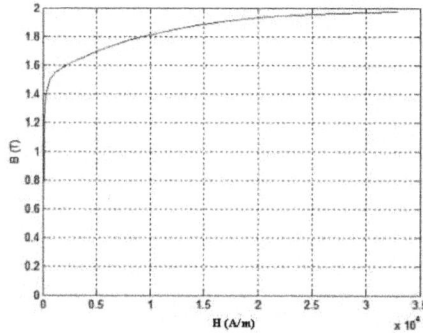

Figure 4. 16 : *Variation de l'induction en fonction du champ magnétique du matériau constituant les circuits magnétiques rotorique et statorique*

4. 3. 4. 2 FEM à vide

Les FEM composées ainsi obtenues sont représentées dans la figure suivante.

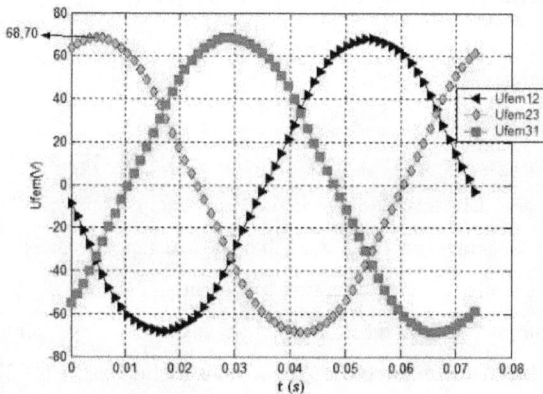

Figure 4. 17 : *FEM composées à vide dans le cas non linéaire avec facteur d'inclinaison des encoches et en éliminant les harmoniques 5, 7, 11, 13*

169

On constate sur cette figure que les tracés sont beaucoup plus proches de celles mesurées à la fois en amplitude et en forme.

4. 3. 4. 3 Comparaison des grandeurs caractéristiques simulées et mesurées

Le tableau 4.1 récapitule les inductions d'entrefer ainsi que l'amplitude de FEM composées à vide simulées avec les deux régime linéaire et non linéaire, et aussi celles mesurées.

Tableau 4. 2 : *Comparaison des inductions d'entrefer ainsi que les FEM simulées et mesurées*

	MEF linéaire	MEF non linéaire	Mesure
B_e (T)	0,85	0,756	0,755
FEM (V)	78,695	68,7	69

On peut conclure que les simulations effectuées ont données des résultats satisfaisants. La modélisation en régime non linéaire donne des valeurs et des allures très proches de celles mesurées.

4. 3. 4 Conclusion

Ce paragraphe avait pour objet, l'étude de la GSAP de l'éolienne BWC XL1 de 1 kW installée sur le site de Fécamp. Pour cela, à partir des mesures de la géométrie de la machine, la résistance totale de phase du stator a été calculée, et son induction rémanente a été estimée. Par ailleurs, des simulations de la machine par la méthode des éléments finis bidimensionnels ont été effectuées par le biais du logiciel FLUX2D.

Quelques grandeurs caractéristiques de la machine telles que la FEM composée à vide, l'induction d'entrefer ainsi que le couple de détente ont été déterminées. Deux types de simulations ont été abordés à savoir les modèles en régime linéaire et non linéaire. Les résultats de simulations ont été confrontés avec ceux mesurées. L'analyse des résultats a permis d'observer que l'amplitude maximale de l'induction d'entrefer ainsi que les FEM composées des phases du stator simulées en régime non linéaire sont très proches de celles mesurées. Ceci dit, le régime linéaire a donné des résultats acceptables même si un écart est observé en comparant les simulations et les mesures. Le fait d'avoir éliminé certaines harmoniques et pris en compte le facteur d'inclinaison des encoches a amélioré remarquablement les caractéristiques des grandeurs simulées.

4. 3 ETUDE DE LA TURBINE

La figure suivante représente l'allure de la puissance pouvant être développée par la turbine ainsi que celle de la disponible en fonction de la vitesse du vent.

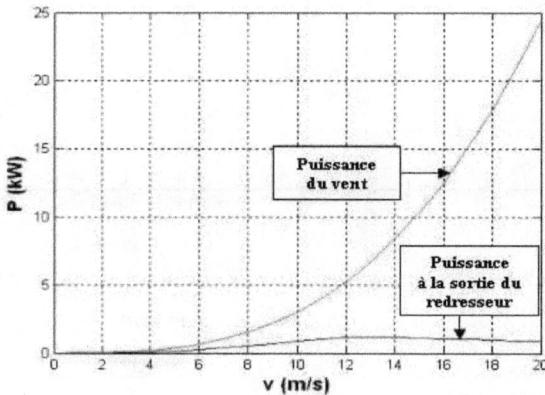

Figure 4. 18 : *Variations de la puissance développée par la turbine ainsi que la puissance du vent en fonction de la vitesse du vent*

171

Nous avons à notre disposition la variation de la puissance électrique développée par l'éolienne (puissance nominale à la sortie du pont de diode) en fonction de la vitesse du vent (Fig. 4.3). A partir de cette caractéristique, une approximation a été effectuée.

La puissance du vent a été calculée à partir de la relation (2.11). En rapportant la puissance développée par la turbine à la puissance du vent, on obtient le coefficient de puissance de la turbine C_p. La figure 4.19 représente le coefficient de puissance calculée à partir de la caractéristique de puissance donnée par le constructeur, et son approximation avec un polynôme d'ordre 5 en fonction de la vitesse du vent.

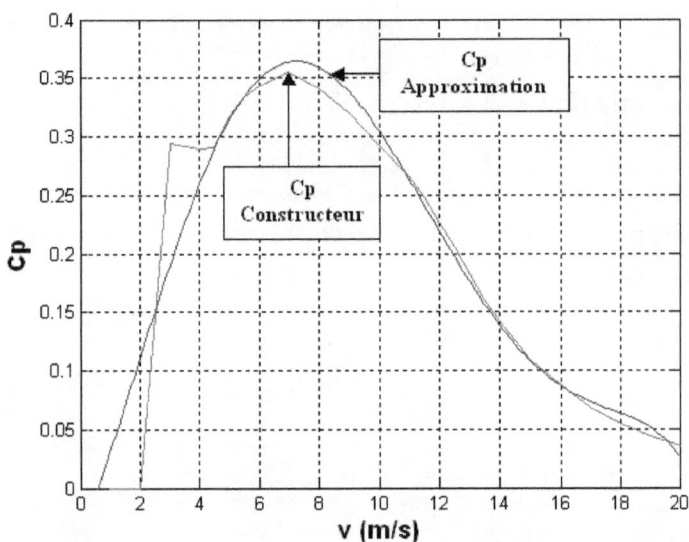

Figure 4. 19 : *Variations du coefficient de puissance et son approximation en fonction de la vitesse du vent*

172

4. 4 VALIDATION EXPERIMENTALES

4. 4. 1 Mesures de la vitesse du vent

Pour effectuer les mesures de la vitesse et de la direction du vent, nous disposons d'un kit de mesure qui comprend tous les éléments nécessaires à une bonne mesure des données du vent. Ce kit, dont le fabriquent est NRG Systems, est constitué d'un anémomètre, d'une girouette, d'un lecteur de mémoire Eereader II et d'un enregistreur automatique de données du type NRG 9200-PLUS. Cependant, le kit délivre la moyenne de la vitesse du vent toutes les 10mn alors qu'il nous faut des mesures sur des intervalles de temps plus petits pour obtenir les des petites variations du vent. Ainsi, nous avons mesuré directement la tension délivrée par l'anémomètre en se branchant sur les borniers d'entrée de l'enregistreur.

Les signaux obtenus sont de formes sinusoïdales et il suffit ensuite de faire la correspondance entre les fréquences des signaux et de la vitesse du vent réelle (1Hz est équivalent à 0,756m/s).

Les figures 4.20 (a) et (b), et 4.21 (a) et (b) représentent respectivement les tensions délivrées par l'anémomètre ainsi que les vitesses du vent correspondant sur deux intervalles de temps différents.

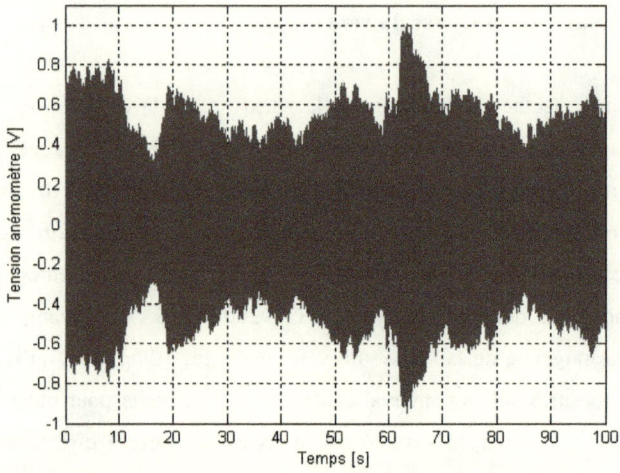

(a)

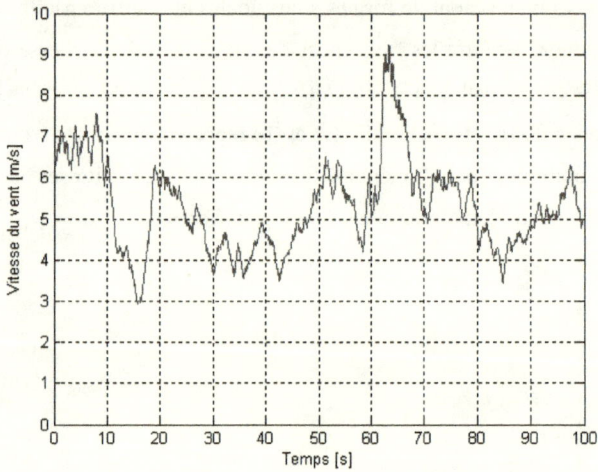

(b)

Figure 4. 20 : *Variations de la tension délivrée par l'anémomètre* (a) *et de la vitesse du vent correspondant* (b) *sur 100s*

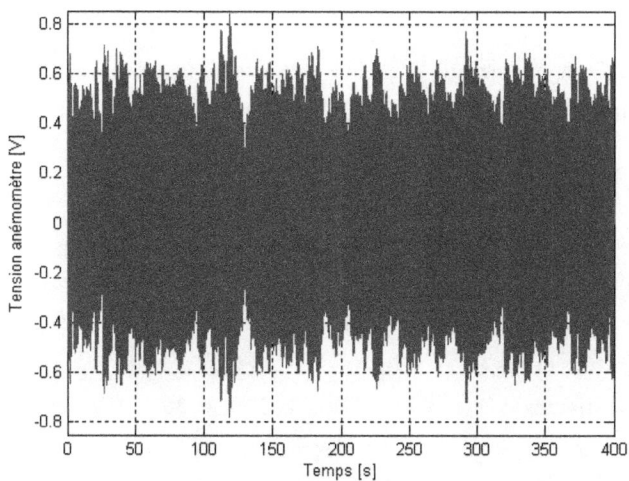

(a)

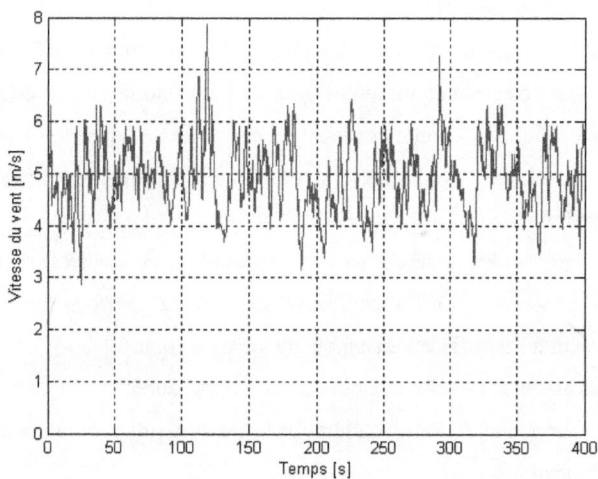

(b)

Figure 4. 21 : *Variations de la tension délivrée par l'anémomètre* (a) *et de la vitesse du vent correspondant* (b) *sur 400s*

4. 4. 2 Mesures des grandeurs caractéristiques de l'éolienne

4. 4. 2. 1 Comportement de l'éolienne face à un profil de vent et une charge constante

Plusieurs mesures correspondant à des vitesses du vent sur des intervalles de temps différents ont été effectuées. Les figures 4.23, 4.29 et 4.35 représentent respectivement les vitesses du vent calculées à partir des mesures de la tension délivrée par l'anémomètre (Fig. 4.22, 4.28 et 4. 34) sur 400s, 100s et 40s.

Les figures 4.24 – 4.26, 4.30 – 4.32 et 4. 36 – 4.38 représentent respectivement les mesures de la tension redressée et du courant redressé ainsi que la puissance active délivrée par l'aérogénérateur correspondant aux intervalles de temps ci-dessus. Le dispositif a été chargé avec une charge électrique de 2,769 Ω.

On constate sur ces figures qu'il y a une forte corrélation entre la variation des grandeurs électriques mesurées et la variation de la vitesse du vent. Il faut noter que nous sommes dans le cas d'une charge résistive, par conséquent, la tension redressée a exactement la même forme que le courant redressé [SAM_05(1) et (2)].

D'une manière générale, les petites variations de la vitesse du vent ne sont pas observées sur les caractéristiques de la tension. Ceci est dû certainement à l'inertie de l'ensemble du système rotatif.

Par ailleurs, lors d'une élévation de courte durée ou d'une baisse de la vitesse moyenne du vent, l'allure de la tension suit presque celle de la vitesse du vent.

Par contre, lors d'une augmentation sur un intervalle assez grand de la vitesse du vent, on constate que la tension augmente très vite (Fig. 4.30 et 4.31) [SAM_05(1) et (2)].

176

On remarque aussi que les bandes de variation de la tension redressée augmentent avec la vitesse du vent (Fig. 4.36 et 4. 37).

En traçant les courants redressés en fonction des tensions redressées, on obtient les zones de fonctionnement du dispositif (Fig. 4.27, 4.33, 4.39). Comme on est dans le cas d'une charge résistive, les tensions et les courants sont en phase. On obtient donc des zones de fonctionnement constituées par des droites.

La figure 4.40 représente la variation de la tension redressée sur une période électrique (Zoom de la figure 4.37). Cette figure met en évidence les calottes de redressement. Les bandes de variations des grandeurs électriques sont dues à ces calottes.

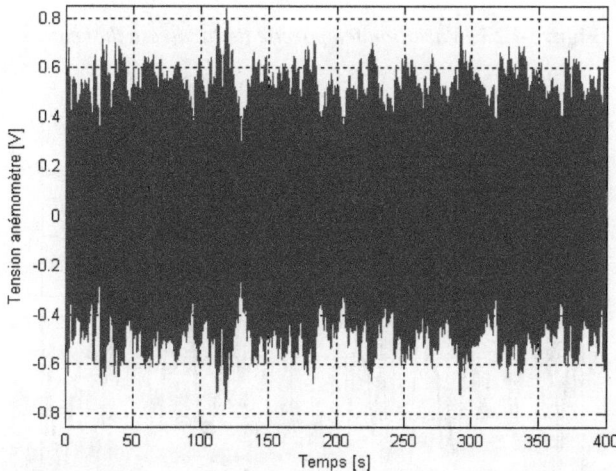

Figure 4.22 : *Variation temporelle de la tension de l'anémomètre*

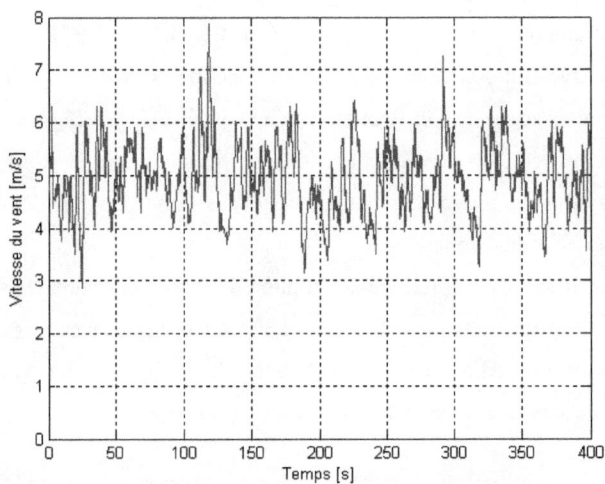

Figure 4.23 : *Variation temporelle de la vitesse du vent*

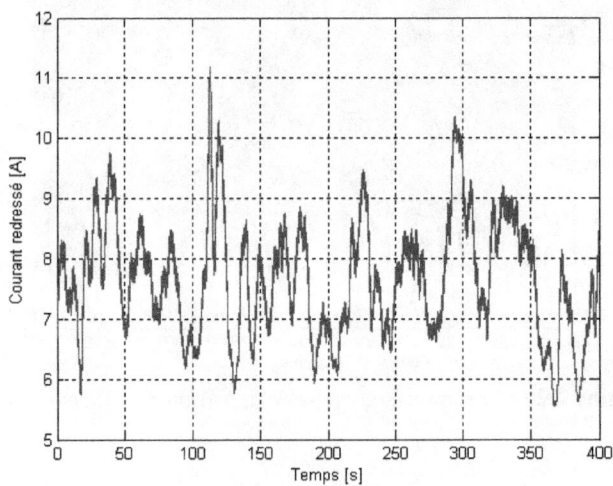

Figure 4.24 : *Variation temporelle du courant redressé*

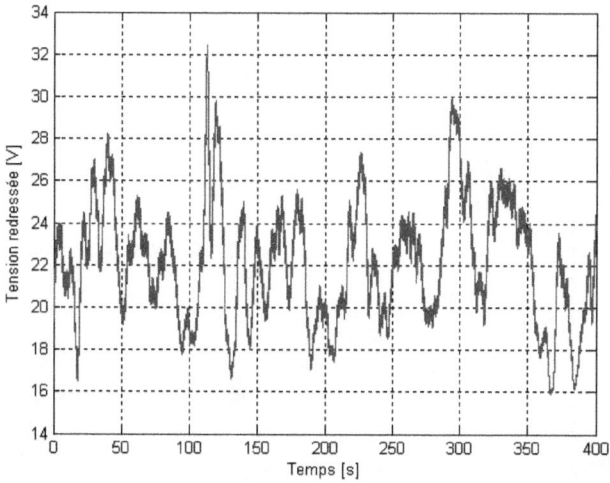

Figure 4.25 : *Variation temporelle de la tension redressée*

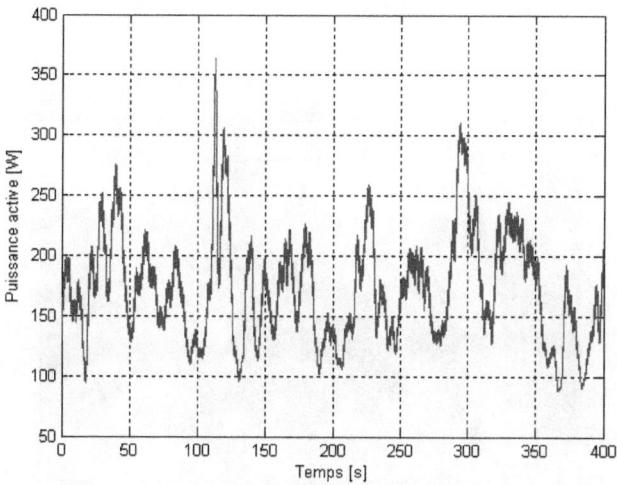

Figure 4.26 : *Variation temporelle de la puissance active
à la sortie du redresseur*

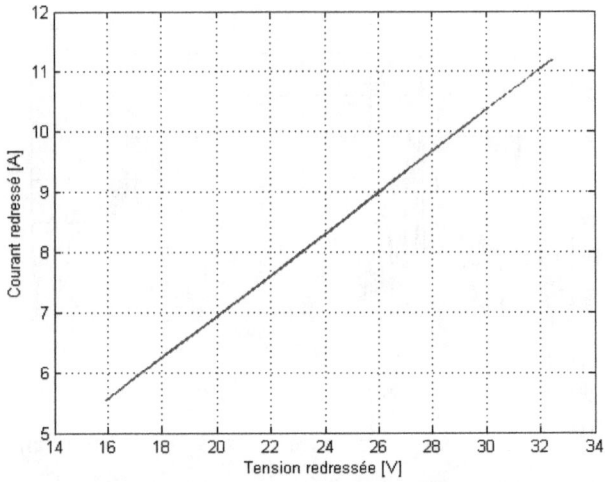

Figure 4.27 : *Variation du courant redressé
en fonction de la tension redressée*

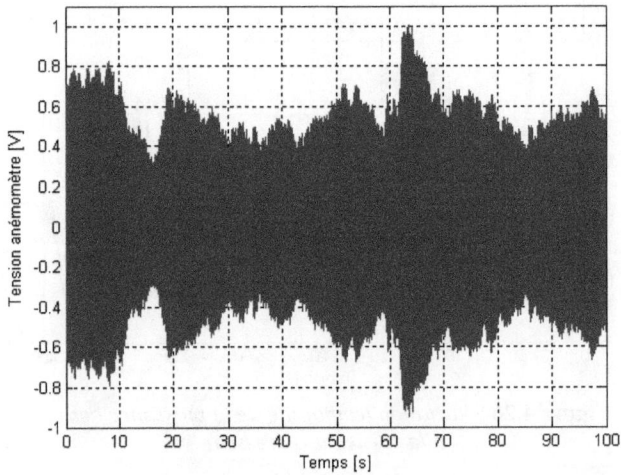

Figure 4.28 : *Variation temporelle de la tension de l'anémomètre*

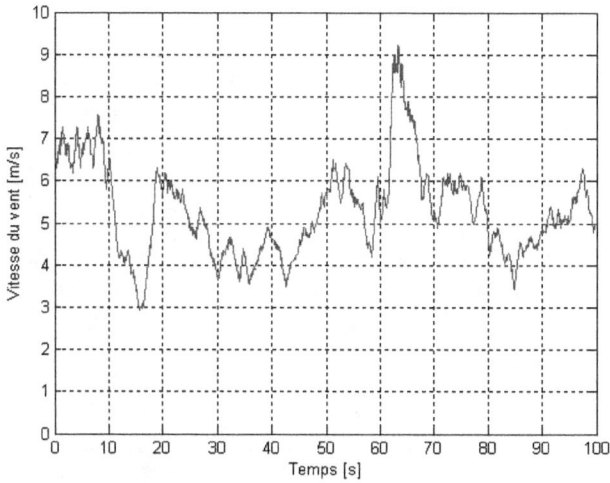

Figure 4.29 : *Variation temporelle de la vitesse du vent*

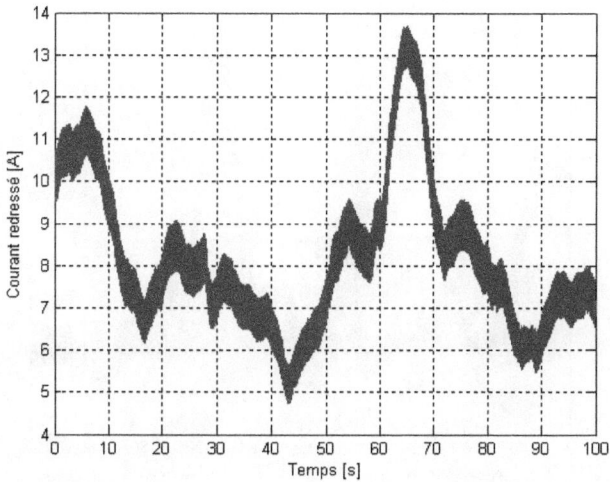

Figure 4.30 : *Variation temporelle du courant redressé*

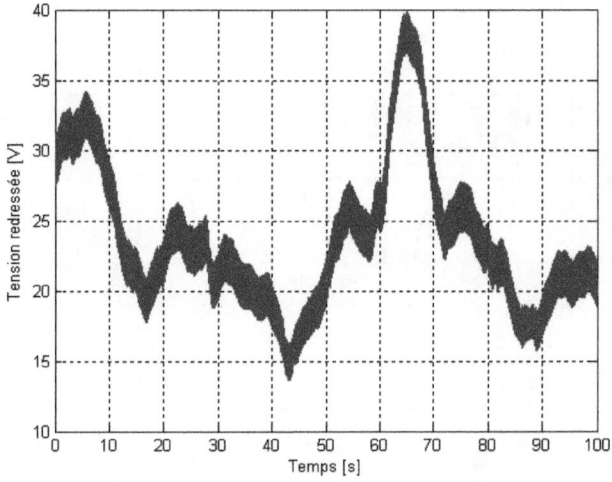

Figure 4.31 : *Variation temporelle de la tension redressée*

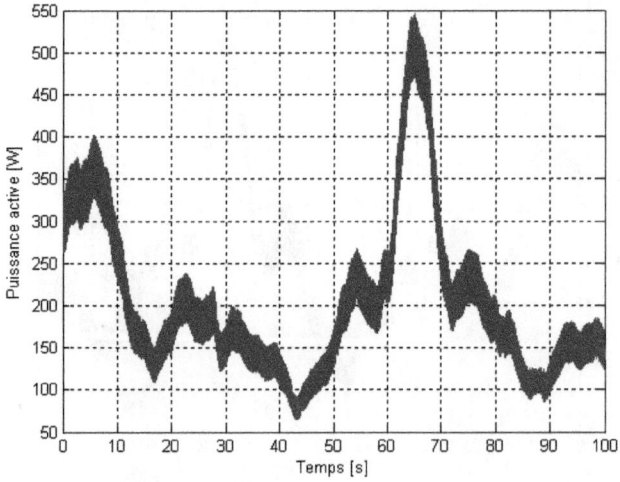

Figure 4.32 : *Variation temporelle de la puissance active
à la sortie du redresseur*

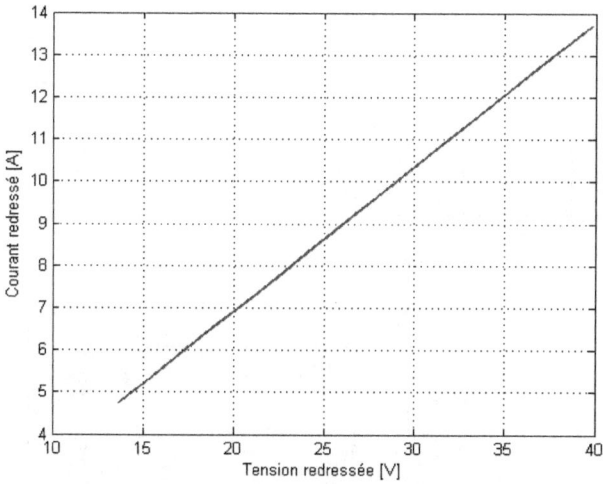

Figure 4.33 : *Variation du courant redressé
en fonction de la tension redressée*

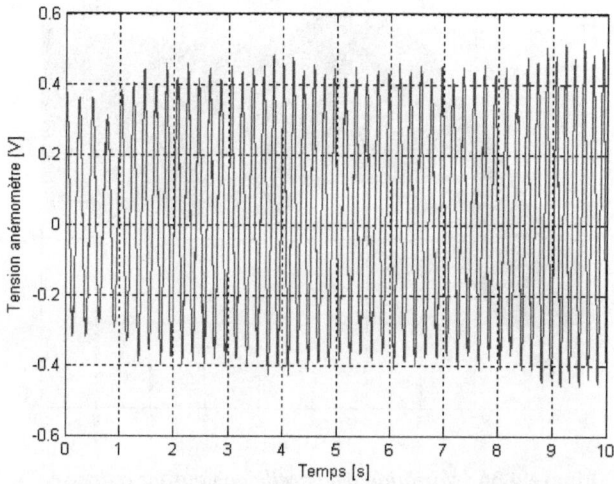

Figure 4.34 : *Variation temporelle de la tension de l'anémomètre*

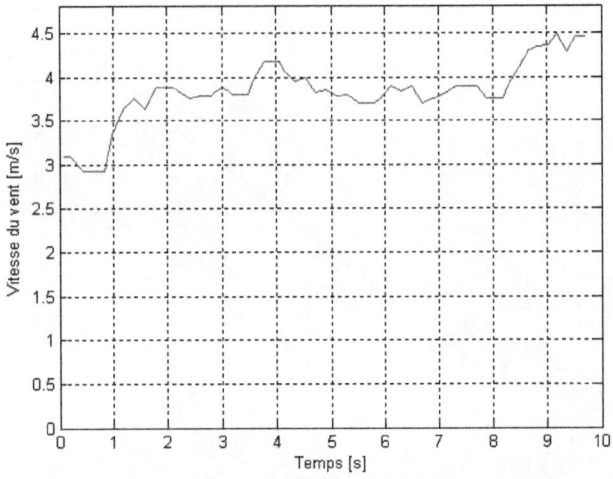

Figure 4.35 : *Variation temporelle de la vitesse du vent*

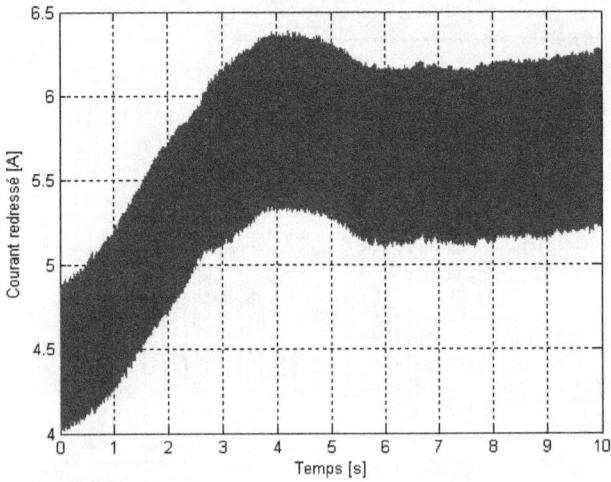

Figure 4.36 : *Variation temporelle du courant redressé*

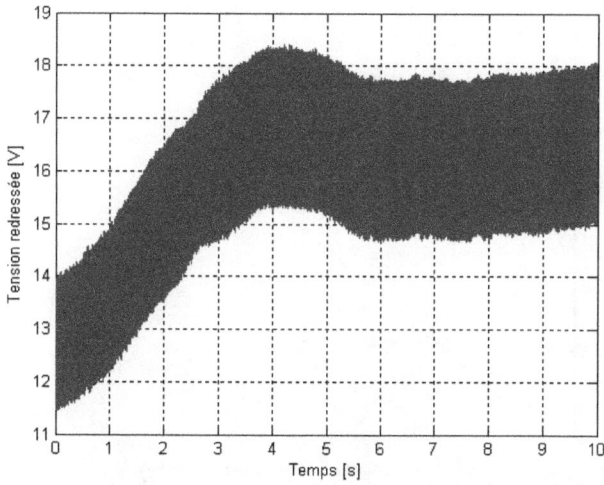

Figure 4.37 : *Variation temporelle de la tension redressée*

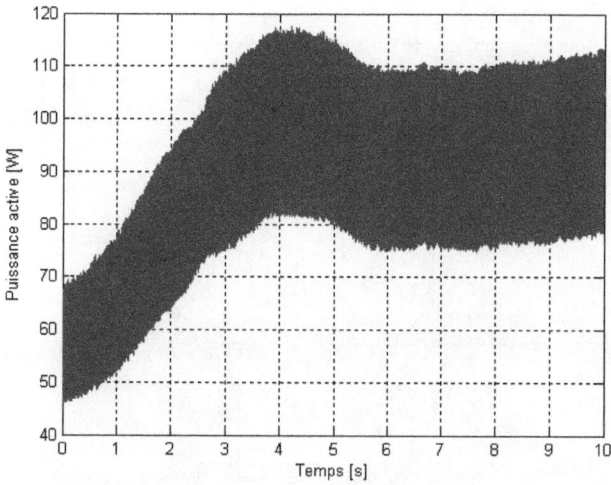

Figure 4.38 : *Variation temporelle de la puissance active*
à la sortie du redresseur

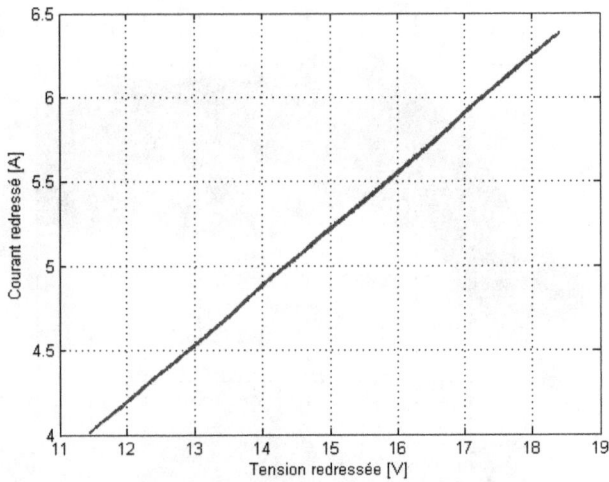

Figure 4.39 : *Variation du courant redressé
en fonction de la tension redressée*

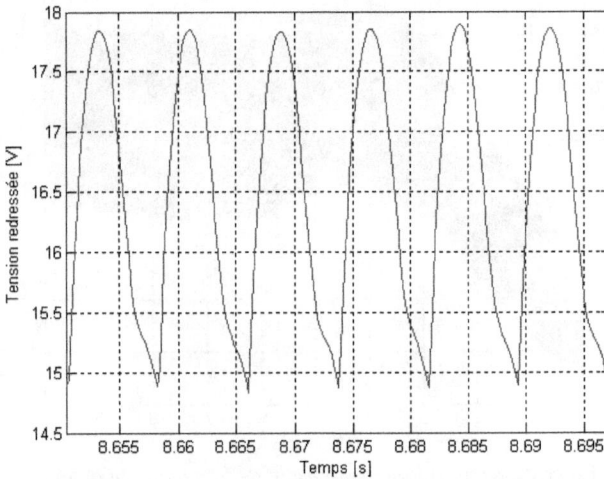

Figure 4.40 : *Variation temporelle de la tension redressée
(Zoom de la figure 4.37)*

4. 4. 2. 2 Comportement de l'éolienne face à un profil de vent et une charge variable

Dans ce paragraphe, les séries de mesures ont été effectuées avec un profil de vent et une charge résistive variable (échelons de résistances). Les figures 4.41 à 4.46, et 4.47 à 4.52 représentent respectivement des mesures effectuées sur 40s et 100s. Dans le premier cas, une seule variation de la charge a été effectuée (Fig. 4.42), alors que sur le deuxième cas, nous en avons effectué plusieurs (Fig. 4.48). Comme dans le cas du paragraphe précédent, nous avons mesuré les vitesses du vent (Fig. 4.41, 4.47) ainsi que les courants et les tensions redressés (Fig. 4.43, 4.44 et 4.49, 4.50). Les puissances actives instantanées délivrées par le dispositif sont ensuite calculées (Fig. 4.45 et 4.51).

Nous pouvons observées sur les grandeurs électriques mesurées que toutes les grandeurs varient remarquablement par rapport à la vitesse du vent. Ce qui n'est pas le cas de la variation de charge. Ainsi, on constate sur les figures 4.43 et 4.49 que le courant redressé varie d'une façon significative par rapport à la variation de charge alors que la tension redressée varie moins. Ce comportement correspond aux analyses faites dans le chapitre 3.

Les figures 4.46 et 4.52 représentent les allures du courant redressé en fonction de la tension redressée. On observe les zones de fonctionnement du dispositif constituées par des droites. La longueur des droites varie en fonction des fluctuations de la vitesse du vent, et leurs emplacements sont fixés par les valeurs des résistances de la charge.

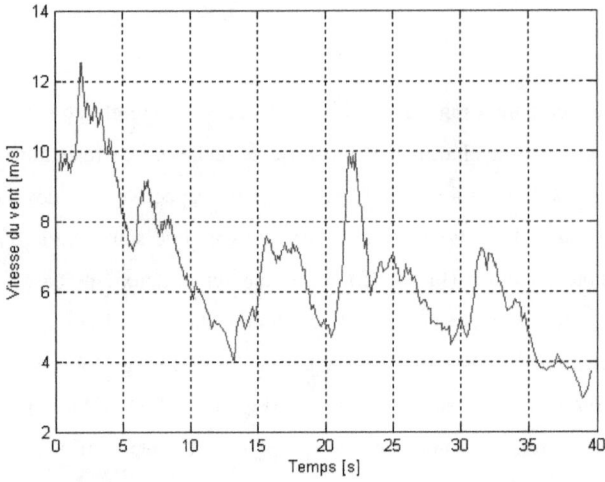

Figure 4.41 : *Variation temporelle de la vitesse du vent*

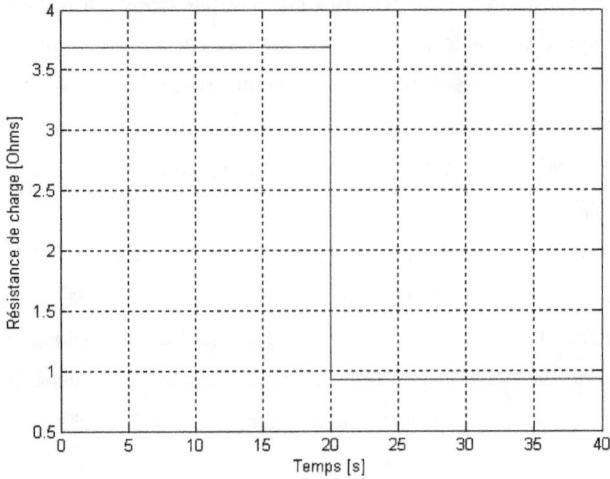

Figure 4.42 : *Variation de la résistance de charge*

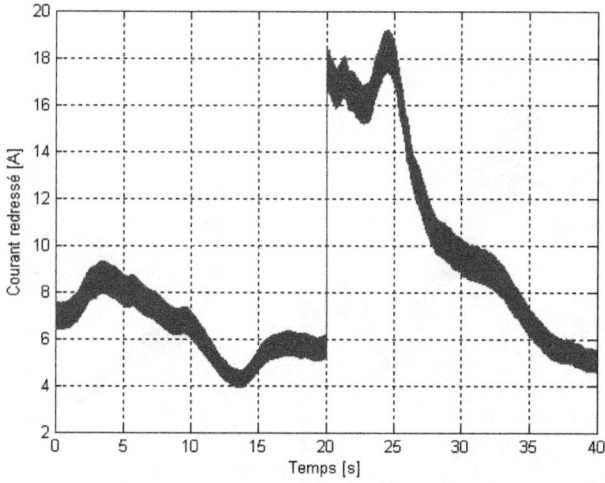

Figure 4.43 : *Variation temporelle du courant redressé*

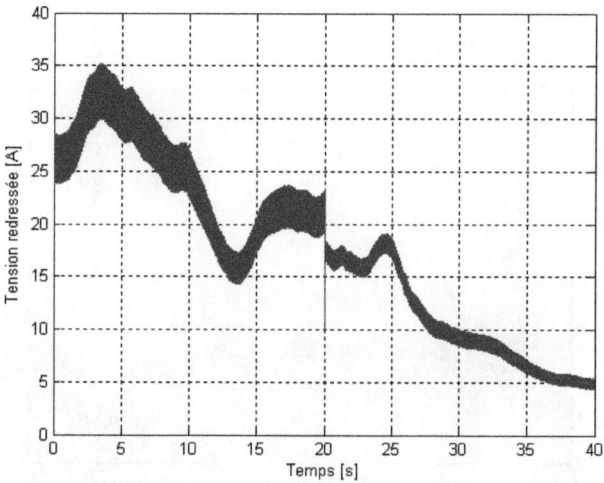

Figure 4.44 : *Variation temporelle de la tension redressée*

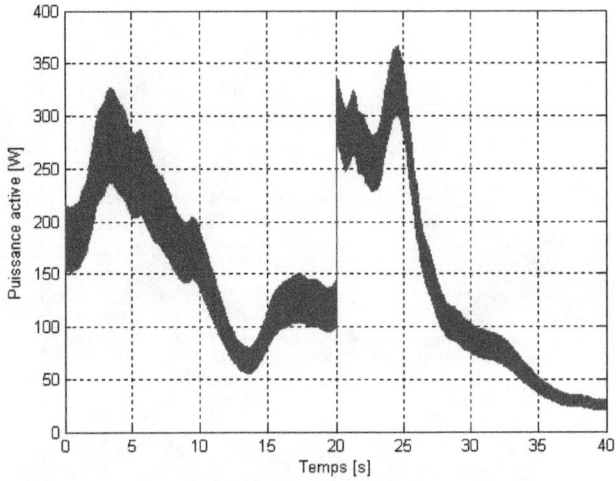

Figure 4.45 : *Variation temporelle de la puissance active à la sortie du redresseur*

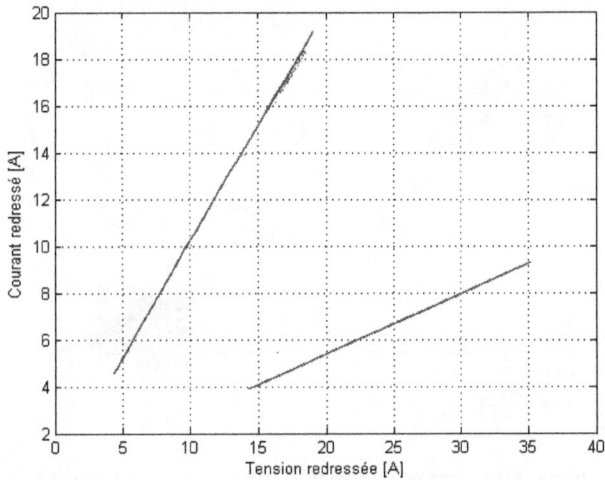

Figure 4.46 : *Variation du courant redressé en fonction de la tension redressée*

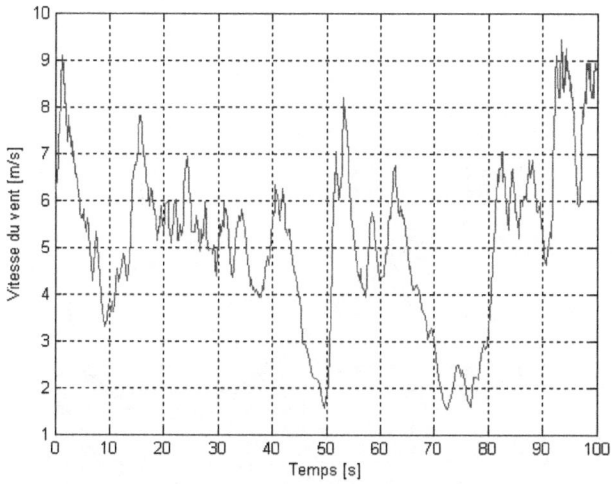

Figure 4.47 : *Variation temporelle de la vitesse du vent*

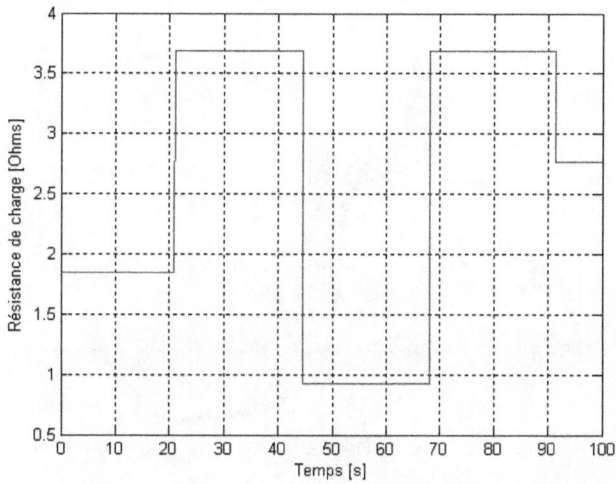

Figure 4.48 : *Variation de la résistance de charge*

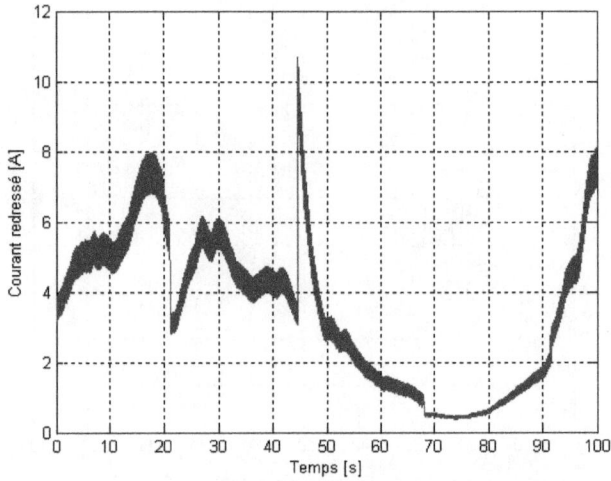

Figure 4.49 : *Variation temporelle du courant redressé*

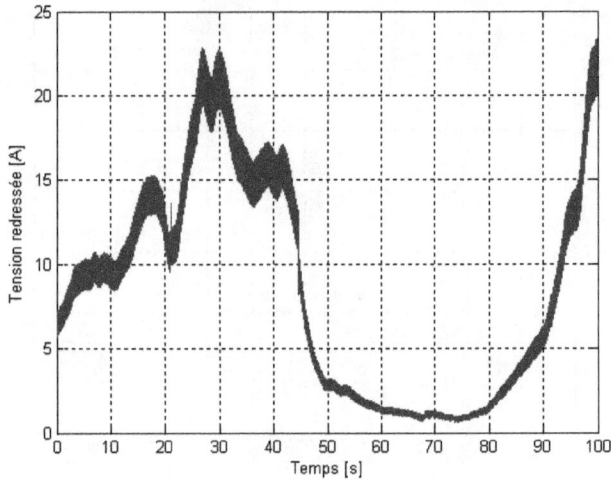

Figure 4.50 : *Variation temporelle de la tension redressée*

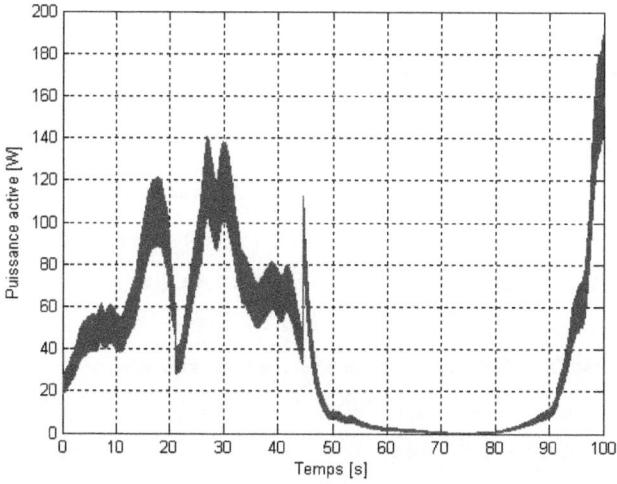

Figure 4.51 : *Variation temporelle de la puissance active à la sortie du redresseur*

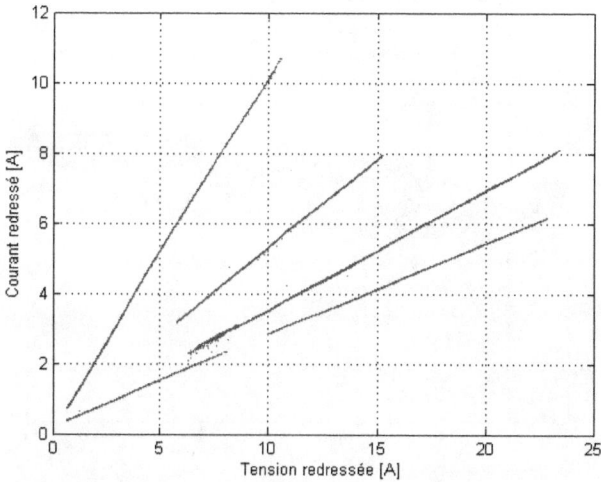

Figure 4.52 : *Variation du courant redressé en fonction de la tension redressée*

4. 4. 2. 3 Comparaison entre mesures et résultats de simulation

La comparaison de plusieurs simulations et mesures expérimentales a permis d'observer que les résultats de simulation concordent bien avec les mesures en terme de valeur moyenne. Leurs comportements globaux sont semblables. Les figures 4.53 et 4.54 représentent respectivement les courants redressés mesuré et simulé pour un vent moyen de 4m/s. Nous avons pris un vent constant pour la simulation vu que la vitesse du vent mesurée ne varie par beaucoup par rapport à la moyenne. On remarque cependant qu'il y a un écart entre les fréquences (Fig. 4.53(b) et 4.54(b)) et les bandes de variation (Fig. 4.53(a) et 4.54(a)) des signaux. Ces écarts sont dus certainement aux paramètres de simulation de l'éolienne, en particulier le coefficient de puissance de la turbine et aussi les caractéristiques de la génératrice qui mériteraient d'être calculés plus finement.

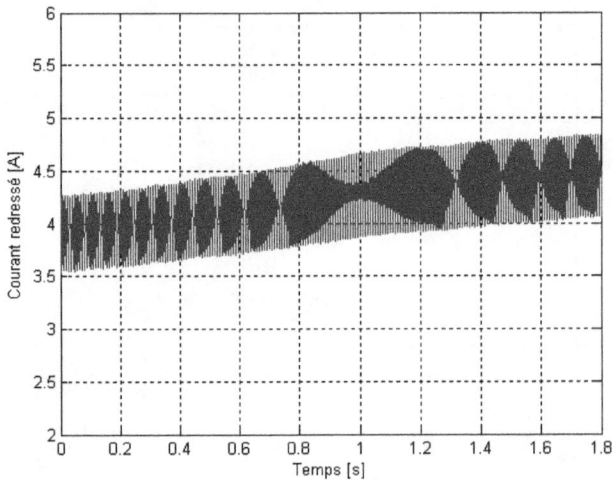

(a)

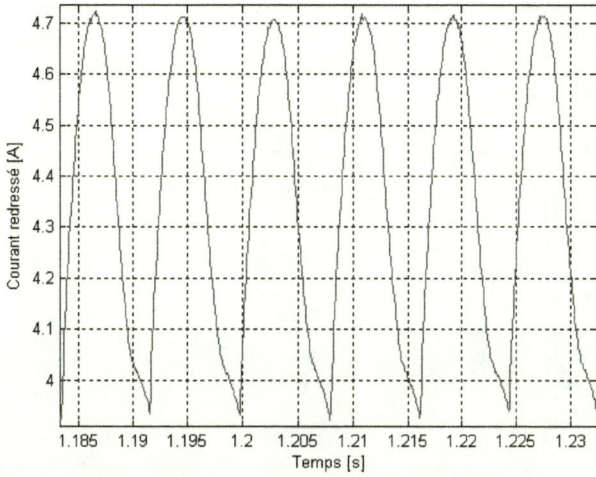

(b)

Figure 4.53 (a) et (b) : *Variation temporelle du courant redressé mesuré*

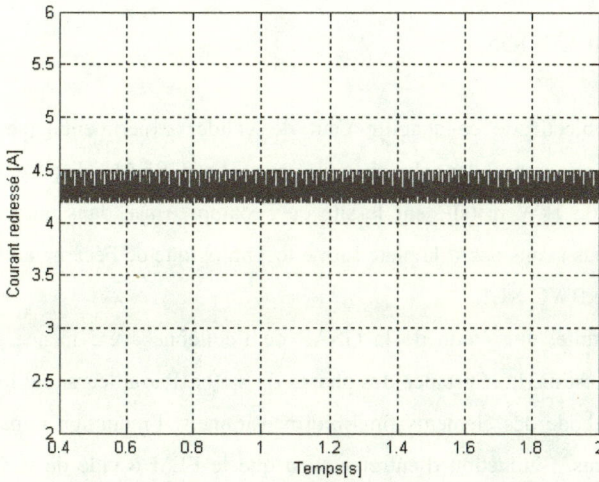

(a)

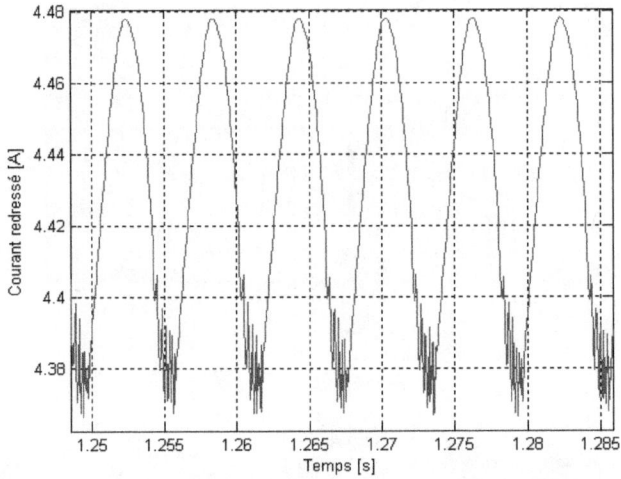

(b)

Figure 4.54 (a) et (b) : *Variation temporelle du courant redressé simulé*

4. 5 CONCLUSION

L'objectif de ce chapitre était de valider expérimentalement les analyses effectuées dans le chapitre trois. Le GREAH dispose d'une éolienne de 1kW installé sur le site de Fécamp. Ainsi, dans un premier temps, nous avons décrit la plate forme technologique de Fécamp ainsi que l'éolienne BWC XL1.

Ensuite, une étude de la GSAP de l'éolienne a été menée. Nous avons pu estimé la résistance des phases du stator. Par ailleurs, par le biais de la méthode des éléments finis bidimensionnels, l'induction rémanente des aimants, l'induction d'entrefer ainsi que le FEM à vide de la GSAP dans les cas des régimes linéaire et non linéaires ont été calculées. Les résultats de simulation ont été confrontés aux mesures effectuées préalablement sur la GSAP.

196

Enfin, des mesures expérimentales des grandeurs caractéristiques de l'éolienne ont été présentées et analysés. Par le biais de celles-ci, nous avons pu observer le comportement de l'éolienne face à la variation de la charge et aux fluctuations de la vitesse du vent. Comme dans le cas des études menées dans le chapitre trois, nous avons constaté que toutes les grandeurs suivent la variation de la vitesse du vent. Cependant, la variation de la charge qui influence moins la tension redressée agit d'une façon plus importante sur le courant redressé.

La confrontation des résultats de simulations aux mesures expérimentales a permis d'observer une similitude des deux approches. Ces concordances confirment l'efficacité des modèles proposés.

CONCLUSIONS GENERALES
ET PERSPECTIVES

Nous avons présenté dans ce mémoire une contribution à la modélisation comportementale d'une chaîne de conversion d'énergie éolienne pour les sites isolés. Ainsi, dans un premier chapitre, nous avons effectué une étude comparative des différentes sources d'énergie électrique les plus utilisées dans les sites isolés ; ceci dans le but de situer l'énergie éolienne, qui est l'objet de notre étude, parmi les différentes autres sources. Ensuite, nous avons exposé les différents éléments constitutifs d'un aérogénérateur. Aussi, afin de justifier le choix d'un aérogénérateur à base d'une machine à aimants permanents pour le cas de l'alimentation des sites isolés, nous avons exposé quelques configurations de chaîne de conversion d'énergie éolienne dont certaines sont offertes, de nos jours, par les constructeurs.

Dans le but d'analyser les performances d'une chaîne de conversion d'énergie éolienne de petite puissance sur un site isolé, le deuxième chapitre a été consacré à la modélisation de chacun des éléments de la chaîne de conversion. Les modèles sont ensuite connectés en respectant les liens de transfert d'énergie et en assurant les interactions entre les composants adjacents pour constituer le modèle complet de la chaîne de conversion. L'établissement du modèle complet du dispositif conduit à un système d'équations différentielles régissant l'aérogénérateur. Les modèles sont conçus de façon modulaire afin de pouvoir les substituer par d'autres modèles sans calculer de nouveau le système d'équations différentielles qui régit le système.

198

Les résultats de simulation de la chaîne de conversion d'énergie éolienne implémentée dans l'environnement Matlab ont permis d'étudier l'évolution des différentes grandeurs caractéristiques des éléments de la chaîne. Dans un premier temps, une étude des interactions entre la turbine et une charge résistive a été entamée. Ceci nous a conduit à la détermination des différentes zones de fonctionnement de la GSAP. Ces zones sont caractérisées par la variation de la vitesse du vent d'une part et par la charge électrique d'autre part. La taille des zones a été définie en fonction des éléments de la chaîne de conversion. Nous avons pu constater aussi que toutes les grandeurs caractéristiques des éléments de la chaîne varient remarquablement face à la fluctuation de la vitesse du vent. Par contre, elles ne réagissent pas de la même façon face à la variation de la charge. Le couple et les courants réagissent d'une façon plus dynamique que la vitesse et les tensions face à la variation de la charge. Ce comportement dépend fortement de la caractéristique du coefficient de couple.

Nous avons ensuite étendu notre analyse par l'étude des interactions entre la turbine et une charge inductive. D'une façon générale, les mêmes comportements qu'avec le cas d'une charge résistive ont été observés, seulement les zones de fonctionnement ont été réduites. De plus et afin d'adapter au mieux la génératrice à l'étage de conversion statique, deux types de chaîne de conversion d'énergie à base de génératrices à FEM sinusoïdale et à FEM trapézoïdale respectivement, ont été proposés et comparés. La chaîne de conversion à base de GSAP à FEM trapézoïdale semble être plus prometteuse.

Le GREAH dispose d'une éolienne de 1 kW installé sur le site de Fécamp. Celle-ci a permis de valider expérimentalement les modèles proposés.

Nous avons mis une attention particulière à l'étude de la GSAP de cette éolienne. Ainsi, à partir des mesures de sa géométrie, nous avons pu estimé la résistance des phases du stator. Par ailleurs, par le biais de la méthode des éléments finis bidimensionnels, l'induction rémanente des aimants, l'induction d'entrefer ainsi que le FEM à vide de la GSAP dans les cas des régimes linéaire et non linéaires ont été déterminées. Les résultats de simulation ont été confrontés aux mesures effectuées préalablement sur la GSAP.

Enfin, par le biais des mesures expérimentales des grandeurs caractéristiques de l'éolienne, nous avons pu observer le comportement de l'éolienne face à la variation de la charge et aux fluctuations de la vitesse du vent. Comme dans le cas des études menées dans le troisième chapitre, nous avons constaté que toutes les grandeurs suivent la variation de la vitesse du vent. Cependant, la variation de la charge qui influence moins la tension redressée, agit d'une façon plus importante sur le courant redressé. Cette concordance entre résultats de simulations et mesures expérimentales confirment l'efficacité des modèles proposés.

Les modèles proposés, qui sont basés sur des modèles de connaissances des éléments du dispositif éolien, pourraient servir de base pour l'élaboration de modèles comportementaux par des classificateurs (modèles neuronaux, …). A l'avenir, l'étude pourrait être étendu à l'intégration des modèles proposés dans un système hybride. Il serait indispensable aussi de comparer les configurations proposées à d'autres types de chaînes de conversion en terme de performance énergétique et coût. Et enfin, afin de pouvoir optimiser la conversion de l'énergie et de pouvoir intégrer les chaînes proposées dans une association hybride, il faudrait élaborer un système de contrôle et de commande en rapport avec les informations obtenues.

REFERENCES

[BAR_95]   G. Barakat, "Modélisation tridimensionnelle d'une machine synchrone rapide à griffes par la méthode des éléments finis", *Thèse de doctorat*, INPG Grenoble, France, 1995.

[BAU_00]   P. Bauer, S.W.H. De Haan, C.R. Meyl, JTG. Pierik, «Evaluation of Electrical Systems for offshore Windfarms », *IEEE IAS Conf.*, octobre 2000.

[BEN_03]   M. F. Benkhoris, F. Terrien, "Modélisation dans l'espace d'état des systèmes multiconvertisseurs", *RIGE*, vol.5-6, n°1, pp.701 - 72, 2003.

[BOR_97]   B. S. Borowy, Z. M. Salameh, "Dynamic response of a stand-alone wind energy conversion system with battery energy storage to a wind gust", *IEEE Transactions on Energy Conversion*, vol.12, n°1, pp.73 - 78, march 1997.

[BRO_97]   D. L. Brooks, S. M. Halpin "An improved fault analysis algorithm including detailed synchronous machine models and magnetic saturation", *Electric Power Systems Research*, n°42, pp.3 - 9, 1997.

[BUH_87]   H. Bühler, « Electronique de puissance », *Traité d'électricité*, volume XV, PPR, Lausanne, Suisse, 1987.

[CHA_89]   J. Chatelin, "Machines electriques, " in *Presses Polytechniques Romandes*, 2nd Edition., vol. X, Lausanne, 1989.

[CHA_99]   B. J. Chalmers, W. Wu, E. Spooner "An axial flux permanent magnet generator for a gearless wind energy system", *IEEE Transactions on Energy Conversion*, vol.14, n°2, pp.251 - 257, june 1999.

[CHE_98]   J. Y. Chen, C. V. Nayar "A multi-pole permanent magnet generator direct coupled to wind turbine", *Proceedings of ICEM'98*, vol. 3, pp. 1717 - 1722, 2 - 4 September 1998, Istanbul ,Turkey.

[CLA_01]   N. E. Clausen, H. Bindner, S. Frandsen, J. C. Hansen, L. H. Hansen, P. Lundsager, " Isolated systems with wind power an implementation guideline", *Riso National Laboratory*, Roskilde, Denmark, June 2001.

[COR_98]   K. A. Corzine, B. T. Kuhn, S. D. Sudhoff, H. J. Hegner "An improved method for incorporating magnetic saturation in the q-d synchronous machine model", *IEEE Transactions on Energy Conversion*, vol.13, n°3, pp.270 - 275, September 1998.

[COU_86]   J-L Coulomb, J-C Sabonnadière, «La CAO en Electrotechnique », *Hermès Publishing*, 1986.

[COU_87]   J-L Coulomb, J-C Sabonnadière, «Eléments finis et CAO », *Hermès Publishing*, 1987.

[DAU_00]   G. Dauphin-Tanguy, "Les bonds graphs", *Hermès science publication*, Paris, France, 2000.

[DHA_]   G. Dhatt, G. Touzot, "Une présentation de la méthodes des éléments finis ». 2ème Edition, *Collection Université de Compiègne*.

[DIO_99(1)] A. D. Diop, "Contribution au développement d'un simulateur électromécanique d'aérogénérateur: simulation et commande en temps réel d'une turbine éolienne de puissance moyenne a angle de calage variable", *Thèse de doctorat*, GREAH, Université du Havre, France, 1999.

[DIO_99(2)] A. D. Diop, C. Nichita, J. J. Belhache, B. Dakyo, E. Ceanga "Modelling of a variable pitch HAWT characteristics for a real time wind turbine simulator", *Wind Engineering*, 23(4), pp. 225-243, 1999.

[DUB_00]   R. Dubois, "Review of electromechanical system conversion in wind turbine", Final literature review, april 2000.

[FAU_(1)]   H. Foch, Y. Cheron, R. Aches, B. Escaut, P. Marty, M. Metz, « Commutateurs de courant », *Technique de l'ingénieur*, pp. D3172-1 – D3175-9.

[FAU_(2)]   H. Foch, F. Forest, T. Meynard, « Onduleur de tension : Structures, Principe, application », *Technique de l'ingénieur*, pp. D3176-1 – D3177-19.

[FEI_99]   A. Feijoo, J. Cidras, "Analysis of mechanical power fluctuations in asynchronous WEC's", *IEEE Transactions on Energy Conversion*, vol.14, n°1, pp.284 - 291, september 1999.

[FRA_]   Energie éolienne, Franklin Institute Press

[GER_01]   O. Gergaud, B. Multon, "Modélisation d'une chaîne de conversion d'éolienne de petite puissance », *EF'2001*, Nancy, France, 14-15 novembre 2001.

[GER_02]   O. Gergaud, "Modélisation énergétique et optimisation économique d'un système de production éolien et photovoltaïque couplé au réseau et associé à un accumulateur », *Thèse de doctorat*, ENS Cachan, 2002.

[GRA_99]   A. Grauers, S. Landström "The rectifiers influence on the size of direct-driven generators", *EWEC'99*, Nice, France, pp. 829 – 832, 1-5 March 1999.

[GOU_82]   D. Le Gourièrres, « Energie éolienne, théorie, conception et calcul pratique des installations », *Eyrolles*, 1982.

[HAO_97]   I. Haouara, A. Tounzi, F. Piriou "Study of a variable reluctance generator for wind power conversion", *EPE'97*, Trondheim, vol.2, pp.631 - 636. 8-10 September 1997.

[HAN_01]   L. H. Hansen, L. Helle, F. Blaabjerg, E. Ritchie, S. Munk-Nielsen, H. Bindner, P. Sørensen and B. Bak-Jensen, " Conceptual survey of Generators and Power Electronics for Wind Turbines", *Riso National Laboratory*, Roskilde, Denmark December 2001

[HOF_00]   R. Hoffmann; P. Mutschler, « The Influence of Control Strategies on the Energy Capture of Wind Turbines », *IEEE IAS Conf.*, oct. 2000.

[ION_95]   F. Ionescu, J. P. Six, B. Ai, P. Delarue, S. Nitu, C. Mihalache, « Convertisseurs statiques de puissance », Romania (1995).

[KAN_00] C. L. Kana, M. Thamodharan, A. Wolf, "System management of a wind-energy converter", *IEEE Transactions on Power Electronics*, vol.16, n°3, pp.375 - 381, may 2000.

[KIC_87] N. Kichkie, « Comportement dynamique en lacet d'une éolienne à axe horizontal », *Thèse de doctorat*, ENSAM Paris, 1987.

[LUC_01] D. Luca, C. Nichita and B. Dakyo, « Synthèse numérique d'un vent caractéristique d'un site pour un simulateur éolien », *Proceedings of EF'2001*, Nancy, France, pp. 67-70, Novembre 2001.

[MAD_01] M. Madet, « Hydraulique et géothermie: principes physiques et modalités d'utilisation », *Ecole d'été de physique*, août 2001.

[MAN_02] J. F. Manwell, J. G. McGowan, A. L. Rogers, "Win energy explained : theory, design and application", *John Wiley & Sons Ltd*, 2002.

[MAN_02] D. Matt, F. Prieur, C. Glaize, "Simulation numérique en électronique de puissance. Méthode de la topologie variable », *J. Phys. III*, volume 4, pp. 55 – 73, janvier 1994.

[MIR_05] A. Mirecki, « Etude comparative de chaînes de conversion d'énergie dédiées à une éolienne de petite puissance », *Thèse de doctorat*, LEEI – ENSEEIHT, Toulouse, France, avril 2005.

[MUL_96] B. Multon, J. M. Peter, "Le stockage de l'énergie électrique : moyens et applications », *Revue 3EI*, n°6, pp.59-64, juin 1996.

[MUL_02] B. MULTON, O. GERGAUD, H. BEN AHMED, X. ROBOAM, S. ASTIER, B. DAKYO, C. NIKITA, « *Etat de l'art dans les aérogénérateur* », L'électronique de puissance vecteur d'optimisation pour les énergies renouvelables, Ed. NOVELECT - ECRIN, mai 2002, pp.97-154.

[NDI_95]   P. A. Ndiaye, « Etude et modélisation du potentiel éolien sur le site de Dakar : application à la conception d'aérogénérateurs optimisés pour ce site », *Thèse de doctorat*, ENSUT, Université Cheich Anta Diop, Dakar, 1988.

[NIC_02]   C. Nichita, D. Luca, B. Dakyo and E. Ceanga " Large band simulation of the wind speed for real time wind turbine simulator ", *IEEE Transactions on Energy Conversion*, vol.17, n°4, pp.523 - 529, December 2002.

[PAP_98]   M. P. Papadopoulos, S. A. Papathanassiou, S. T. Tentzerakis, " Dynamic behaviour of wind turbines during unsymmetrical faults on the grid", *ICEM'98,* 2-4 september 1998, Istanbul Turkey, vol.3, pp.1729 - 1734.

[PAP_99]   S. A. Papathanassiou, M. P. Papadopoulos, "Dynamic behavior of variable speed wind turbines under stochastic wind", *IEEE Transactions on Energy Conversion*, vol.14, n°4, pp.1617 - 1623, December 1999.

[PET_03]   T. Petru, "Modeling of wind turbines for Power system studies", *Thesis*, Chalmers University, Göteborg, Sweden, 2003

[SAM_02(1)] E. J. R. Sambatra, G. Barakat, B. Dakyo, and C. Nichita, "Simulation of permanent magnet synchronous generator based wind energy system conversion under stochastic wind", *ELECTRIMACS'02*, Montréal, Canada, 18-21 August, 2002, CD-ROM.

[SAM_02(2)] E. J. R. Sambatra, G. Barakat, C. Nichita, B. Dakyo, "Study of the dynamic behaviour of permanent magnet synchronous machine used in wind energy conversion", *ICEM'2002*, Bruges, Belgium, 25-28 August, 2002, CD-ROM.

[SAM_03(1)] E. J. R. Sambatra, "Simulation d'une chaîne de conversion d'énergie éolienne à base d'une génératrice synchrone à aimants permanents pour un site isolé", *JCGE'03*, Saint-Nazaire France, 5-6 juin, 2003.

[SAM_03(2)] E. J. R. Sambatra, G. Barakat, B. Dakyo and X. Roboam, "Safety operation locations of permanent magnets synchronous machine for stand alone wind energy converter", *EPE'03*, Toulouse, France, 2-4 Septembre 2003.

[SAM_04(1)] E. J. R. Sambatra, G. Barakat, B. Dakyo, "Simulation of the dynamic behaviour of non-sine emf PM synchronous machine based stand alone wind energy converter", *EPE-PEMC'04*, Riga, Latvia, 2-4 Septembre 2004.

[SAM_04(2)] E. J. R. Sambatra, G. Barakat, B. Dakyo, "Dynamic Behavior Comparison of Sinewave Emf and Non Sinewave Emf PM Synchronous Machine Based Stand Alone Wind Energy Converter", *ICEM'2004*, Cracow, Poland, 5-8 Septembre 2004.

[SAM_05(1)] E. J. R. Sambatra, G. Barakat, B. Dakyo, "Chaînes de conversion d'énergie éolienne à base d'une génératrice synchrone à aimants permanents pour un site isolé", *JCGE'05*, Montpellier France, 7-8 juin, 2005.

[SAM_05(2)] E. J. R. Sambatra, G. Barakat, B. Dakyo, "Analytical modelling and experimental validation of the dynamic behaviour of permanent magnet synchronous machine based wind energy converter", *EPE'2005*, Dresden, Germany, 11-14 Septembre 2005.

[SAM_05(3)] E. J. R. Sambatra, G. Barakat, B. Dakyo, "Etude comportementale d'un aérogénérateur à base d'une génératrice synchrone à aimants permanents pour un site isolé", *EF'2005*, Grenoble, France, 14-15 Septembre 2005.

[SEG_92] G. Seguier, F. Labrique, R. Baussière, "Les convertisseurs de l'électronique de puissance: la conversion alternatif – continu », *Lavoisier - TEC&DOC*, Paris, France, 1992.

[SEG_95] G. Seguier, F. Labrique, R. Baussière, "Les convertisseurs de l'électronique de puissance: la conversion continu – alternatif », *Lavoisier - TEC&DOC*, Paris, France, 1995.

[SIM_03] R. E. H. Sims, H. H. Rogner, K. Gregory, "Carbon emission and mitigation cost comparisons between fossil fuel, nuclear and renewable energy resources for electricity generation", *Energy policy*, 31(2003), pp. 1315 – 1326.

[SRI_00]   K. Srivastava, B. Berggren "Simulation of synchronous machines in phase coordinates including magnetic saturation", *Electric Power Systems Research*, n°56, pp.177 - 183, 2000.

Sites web:

[Web_ADM]   www.ademe.fr
[Web_BER]   www.bergey.com
[Web_CAN]   www.canren.gc.ca
[Web_DRT]   www.drt.cea.fr
[Web_EKW]   www.ekwo.org
[Web_FSA]   www.fsa.ucl.ac.be
[Web_GEN]   www.genset.it
[Web_INTI]   www.inti.be
[Web_WIN]   www.windpower.org

ANNEXE 4.1

Coupe de la GSAP de l'éolienne BWC XL1

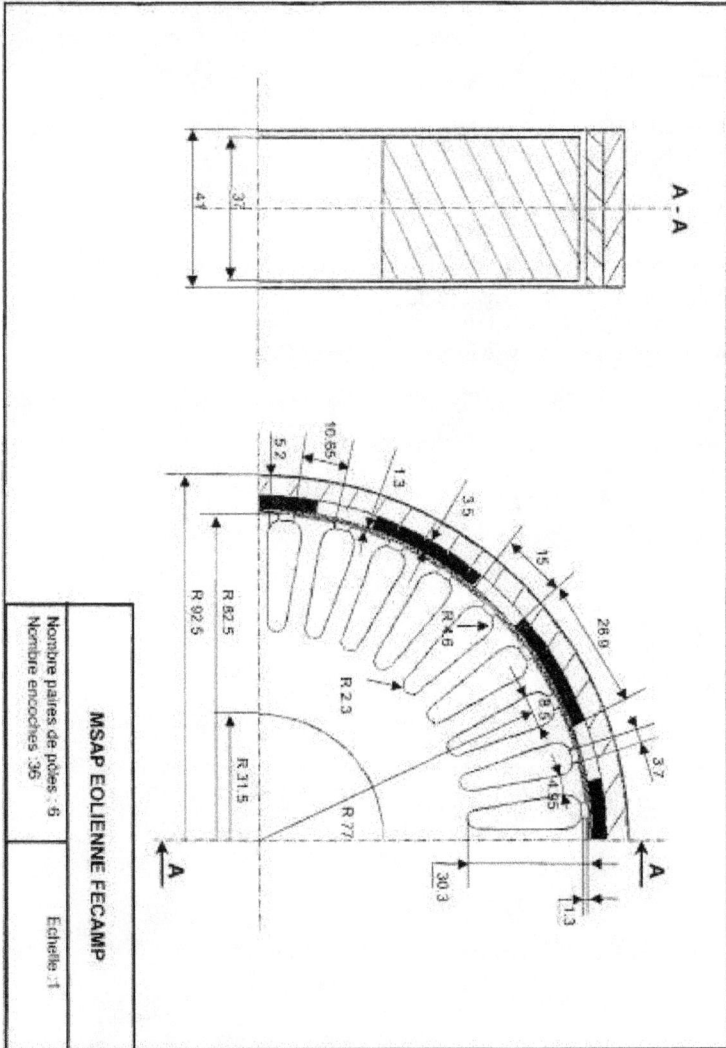

ANNEXE 4.2

Vue d'une partie de la GSAP de l'éolienne BWC XL1

9 783838 170190